# 해시계

## 해시계의 수학적 원리 분석

황운구 · 홍성일 · 김지영 지음

과학정원

# 머리말

해시계는 유럽에서 많은 유물들이 남아있고, 중세 때까지 활용도가 높았으며, 지금 현제에도 연구가 활발히 이루어지고 있다. 우리나라에서도 조선시대에 만들어진 앙부일구, 정남일구 등 몇 개의 유물만이 남아 있고, 이에 대해서 연구를 하고 있다. 유럽 및 서양에서는 다양한 해시계와 수학적으로 분석한 많은 서적들이 있으나 국내에는 이들 해시계 이외에는 다양한 해시계를 개발하지 않고 있으며 수학적으로 연구나 해석을 한 책자나 서적이 전무한 실정이다.

국내에도 해시계를 체계적으로 분석한 책이 필요로 하여 이에 고등학교 과정에서 소화 할 수 있는 자와 컴파스를 이용한 작도, 삼각함수, 벡터 방정식의 수학 이론을 바탕으로 서술을 하였다. 이 책에서는 다양한 해시계의 기본적인 이론을 바탕을 설명하고 있으며 응용한 해시계에 대해서도 몇 개의 해시계를 다루었다. 이 책은 고등학교에서 배운 기본적인 삼각함수 이론과 벡터 방정식을 이용하여 전개하였으나 단지 3차원 회전 이론은 대학교에서 배워야 하는 과정이나 이들은 내용이 그리 어렵지 않은 부분이라 잘 따라갈 수 있으리라 생각된다. 해시계에 관심이 많거나 천문학과 수학에 관심이 있는 과학고등학교, 영재고등학교, 국제고등학교 학생들과 대학교의 천문학 관련 학과 학생들 그리고 천문학과 수학의 융합에 관심이 있는 일반인에게 조금이나마 도움이 되었으면 한다.

끝으로 대전천문연구원 김상혁 연구원, 민병희 연구원의 도움과 격려가 있었기에 결실을 맺게되어 감사의 말을 전한다. 같이 작업을 도와주신 홍성일 선생님, 김지영 선생님께도 감사의 말을 전한다. 그리고 항상 옆에서 도와주고 힘이 되어준 아내와 아빠 힘내라고 외친 두 딸들에게도 감사의 말을 전한다.

황운구 시다모 카페에서

# Contents

# 사용된 기호 뜻과 설명

| 기호 | 뜻 | 설명 |
|---|---|---|
| | 노몬(gnomon) | 태양 빛에 의해 그림자를 만들게 하는 막대기 '영침'이라고도 하며, 노몬이 막대기일 필요성은 없고 점일 수도 있다. |
| | 시반면 | 태양에 의해서 노몬의 그림자가 생겨 시간이 표시되는 면이다. |
| $\delta$ | 태양의 적위 | 태양의 적위 $\delta$는 $-23.45°$부터 $+23.45°$의 정의역 범위를 갖는다. 태양이 적위 $+23.45°$에 위치할 때는 하지(6월21일경), $-23.45°$에 동지(12월21일경, 2014년에는 12월 22일이다.)이다. 태양의 적위가 $0°$인 것은 춘분(3월21일경)과 추분(9월23일경)이다. 윤달이 포함된 년도에는 1일의 차이가 난다. 이는 정확히 따져서 계산을 해야 한다. |
| $\phi$ | 관측자 위도 | 적도($0°$)로부터 북쪽 방향으로 양을 값을 갖는 값으로 대전둔원고등학교 위도값은 $36.34°$이다. |
| $\tau$ | 진태양시 시간각 | $\tau=0°$는 태양이 관측자의 자오선에 위치해 있을 때를 말한다. 또한 남쪽으로부터 서쪽으로 양의 값을 갖는다. 예를 들어 $\tau=\begin{cases}+15° \text{ 해시간으로 } 11\text{시} \\ 0° \quad \text{ 해시간으로 } 12\text{시} \\ -15° \text{ 해시간으로 } 13\text{시}\end{cases}$ |
| $H$ | 시반면 위의 노몬 그림자 시간각 | 진태양시 시간각 $\tau$에 대하여 노몬 그림자의 시반면의 시간각이다. |
| $R_x(\theta)$ | $x$축을 중심으로 오른손 법칙으로 축 회전 변환 행렬 | $R_x(\theta)=\begin{pmatrix}1 & 0 & 0 \\ 0 & \cos\theta & \sin\theta \\ 0 & -\sin\theta & \cos\theta\end{pmatrix}$ |

| 기호 | 뜻 | 설명 |
| --- | --- | --- |
| $R_y(\theta)$ | $y$축을 중심으로 오른손 법칙으로 축 회전 변환 행렬 | $R_y(\theta) = \begin{pmatrix} \cos\theta & 0 & -\sin\theta \\ 0 & 1 & 0 \\ \sin\theta & 0 & \cos\theta \end{pmatrix}$ |
| $R_z(\theta)$ | $z$축을 중심으로 오른손 법칙으로 축 회전 변환 행렬 | $R_z(\theta) = \begin{pmatrix} \cos\theta & \sin\theta & 0 \\ -\sin\theta & \cos\theta & 0 \\ 0 & 0 & 1 \end{pmatrix}$ |
| $\vec{v}^T$ | $\vec{v}$의 대칭행렬 | $\vec{v} = (a, b, c)$ 이면, $\vec{v}^T = \begin{pmatrix} a \\ b \\ c \end{pmatrix}$ |
| $A$ | 방위각(°) | 지평좌표계에서 남쪽 방향을 $x$축 방향으로 하여 태양이 위치한 지평면에서의 $x$축과의 각이다. 예를 들어 동쪽$=90°$, 남쪽$=0°$, 서쪽$=-90°$, 북쪽$=-180°$이다. |
| $a$ | 고도(고도각)(°) | 지평좌표계에서 태양과 지평면이 이루는 각이다. |
| $N$ | 날수 | $N=1$이면 1월1일, $N=365$이면 12월 31일로 일변의 하루하루를 날수로 정의한다. |
| $SH$ | 높이각 | 노몬이 수직벽과 이루는 각 |
| $SD$ | 거리각 | 노몬을 수직벽에 정사영 시킨 직선과 수직벽과 지평과의 수직이며 수직벽의 노몬을 지나는 직선과의 이루는 각 |
| $\varepsilon$ | 23.45° | 지구 적도면과 태양의 황도면이 이루는 각 |
|  | 시간선 | 시간각($H$)을 고정시키고 날수를 변수로 하여 시반면에 그려지는 선 |
|  | 계절선 | 날수를 고정하고 시간각을 변수로 하여 시반면에 그려지는 선 |

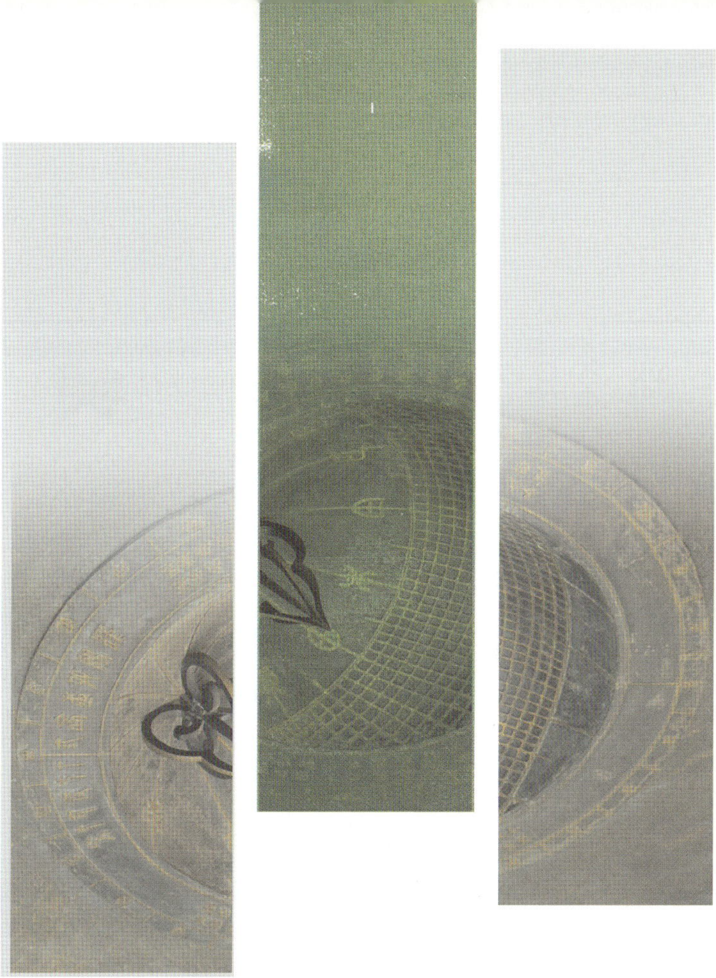

Chapter

1

# 해시계

# 시간은 왜 중요한가?

천문 현상 중 하나인 낮과 밤에 의해서 인류는 본능적인 생활에 근본적인 영향을 받는다. 우리는 매일 낮에 활동하고 밤에 잠을 잔다. 지구상에 모든 생물은 밤낮의 변화에 맞추어 생활을 하게 되는데, 지구가 자전하면서 생기는 밤낮은 거의 일정한 간격으로 반복된다. 인류는 오래전부터 밤과 낮이 한번 순환하는 것을 하루로 생각하고, 하루를 다시 나누어서 시간을 만들었다. 또한, 하루하루를 더해서 일 년이라는 개념을 생각하고 일 년을 다시 12개로 나누어서 달이라는 개념을 만들고 달에 날짜를 정해서 활용하게 되었다. 하루는 시time 또는 시간으로 나누어 사용하였다. 시간은 한 번 흐르면 되돌릴 수 없고 정지된 것이 아니라 방향을 가지고 연속적으로 흐른다고 생각하였다. 시간은 연속적이지만 인류는 1시, 2시, 3시, …,12시, 13시, 14시, …, 24시와 같은 불연속적인 표현으로 사용하였다.

그러면 고대 인류는 어떻게 시간을 측정하였을까? 지구의 자전에 의해 태양이 동쪽에서 떠서 서쪽으로 지는 현상이 일어난다. 인류는 평평한 땅 위에 곧은 막대기를 세우고, 매일 뜨고 지는 태양 빛에 의해서 땅 위에 생기는 막대기의 움직이는 그림자를 이용해 시간을 측정하였다. 이 곧은 막대기를 '노몬gnomon, 영침'이라 하고, 태양에 의해서 생기는 노몬 그림자가 움직이는 면을 '시반면'이라 한다. 해시계로 시간을 읽는 법은 시간이 표시가 되어 있는 시반면 위에 태양에 의해서 생기는 그림자가 가리키는 시간 값을 읽으면 된다. 즉, 해시계란 노몬과 시간이 표시된 시반면 위에 태양에 의해 생기는 노몬 그림자의 위치로 시간을 측정하는 관측기구이다. 그렇지만 해시계는 낮에만 시간을 측정할 수 있다는 단점이 있다. 그래서 인류는 밤에도 시간을 알기 위해서 별을 이용하여 시간을 측정 할 수 있는 기구를 만들게 되었다. 인류는 지구가 태양 주위를 약 365.25일을 주기로 공전하기 때문에 같은 별자리가 같은 날에 관측되는 것을 알게 되었다. 태양도 다른 별들과 마찬가지로 계절과 시간을 측정하는 천체가 되었다. 특히 계절이 변할 때의 시간은 농사를 짓는 고대인에게는 매우 중요하였다. 그래서 이를 측정할 수 있는 유물들을 건축하게 되었는데, 많은 유물들이 세계 곳곳에 남아있다. 그 유물들은 현대 관측기구로도 측정하기 어려운 현상을 측정할 만큼 매우 정확하다. 우리는 이러한 고대인들의 천문학 측정기구들을 현대 수학, 과학을 이용해 설명하려고 한다.

# 계절의 시간을 측정한 유물들

계절을 알 수 있는 고대 관측기구들은 세계 각 나라에서 많은 유물들이 남아 있다. 그 중에서도 가장 많이 알려진 것이 영국의 스톤헨지Stonehenge이다. 영국 남부 월트셔 주 솔트베리 평원과 에이브버리에 있는 선사 시대 거석 기념물인 스톤헨지는 논란의 여지가 많은 유물이었다. 종교 행사에 사용되었다는 설, 태양을 측정하는 관측기구였다는 설, 무덤이었을 것이었다는 설 등 많은 논쟁이 있었다. 실제 스톤헨지는 태양을 측정하는 관측기구로서의 역할을 했다는 것을 알 수 있다. 하지 때 태양 빛이 스톤헨지 입구 쪽의 말 발굽 돌을 지나 제단석을 비추는 것이 확인되었다. 이러한 사실을 통해 스톤헨지는 태양을 측정하는 관측기구라 생각하였다. 그러나 2008년 스톤헨지의 유적 조사 결과 인간의 뼈가 출토되어 그 당시 그 지역을 다스리고 있던 가문의 무덤이었을 것으로 판명되었다. 이 무덤도 태양의 절기(하지)와 맞추어서 건설이 되었다. 고대 영국인들은 이러한 관측기구들을 이용해 태양의 고도를 관측한 후 농업의 씨 뿌리는 시기를 결정했을 것이다.

기원전 2,000 ~ 3,000년 경에 영국에서 건설된 스톤헨지 보다 더 오래된 계절을 측정하는 유물이 이집트 남쪽 나부타Nabta에서 발견되었다. 나부타에서는 태양이 일 년 중 북쪽으로 가장 먼 곳에서 위치하게 되면 오늘날 북반구에서는 여름이 시작된다. 오랜 세월 동안 세계 곳곳에 있는 과거의 천문학자들은 특별한 관측물 즉, 원형으로 둘러져 있는 돌들

그림 1-1 영국의 스톤헨지 *출처: FlickrLickr, 위키백과

로 하지와 동지를 결정하였다. 이 관측물은 약 6,000년 것이거나 그 이전의 것으로 스톤헨지 보다 적어도 1,000년 이상 빠르다. 남 메소디스트 대학의 인류 학자인 프레드 웬드로프Fred Wendorf는 1973년에 이곳을 발견하였다. 웬드로프에게 수학하고 콜로라도 천문학자인 머킴 말빌리J. McKim Malville는 천문학과 수학으로 계산을 하여 나브타가 계절을 측정하는 천문학 건축물임을 입증하였다. 다른 인공물 중에서, 작은 돌을 일정한 간격으로 놓은 '달력 원'이라는 것도 있는데, 두 개의 돌들이 원의 중심으로 대칭되게 놓여져 있다. 각각의 돌들의 위치를 통해 천 년 전 하지의 태양의 위치도 확인이 가능하다. 나부타에서는 하지가 온 후에 머지 않아 그 지역에 약간의 비가 내리기 시작하면서 우기가 시작되기 때문에 이러한 돌들의 정렬된 천문학 건축물은 이곳 나부타에 살고 있던 사람들에게 매우 중요하였다. 그러나 몇 세기가 흐르는 동안 비는 오지 않아 땅이 마르기 시작하면서 나부타는 버려졌고 현재의 유산으로 남게 되었다. 나부타인들의 문화는 오랜 전 이집트 왕국의 형성에 영향을 주었고, 이집트인들이 거대한 피라미드를 건설하는데 이바지 하였다.

서양뿐만 아니라 동양에서도 이러한 계절을 측정하는 유물들이 있다. 중국에는 규표圭表라고 하는 것이 있다. 현존하는 가장 오래된 규표는 중

그림 1-2 이집트 나부타

* 출처: Raymbetz, Own work, Aswan Nubia Museum

국 장쑤성江蘇省의 후한後漢시대의 묘에서 출토된 동규표銅圭表가 있다. 〈주비산경〉에 따르면 고대에는 표의 높이가 주척으로 8척(1척은 대략 30.3㎝)이나 되었다고 한다. 규표는 태양의 그림자의 길이를 통해 고도를 측정하여 계절을 알아내는 기구인데 동지와 하지 등 24절기를 알아내는데 사용되었고, 이 규표로 일 년이 약 365.25일 임을 알았다.

우리나라에서는 세종 때 규표를 만들었는데, 〈간의대기〉에 따르면, 1432년(세종 14) 가을 7월 이후 세종은 정초鄭招, 정인지鄭麟趾, 이천李蕆에게 명하여 간의를 제작하게 하고, 호조 판서 안순安純에게 명하여 경회루 북쪽에 높이 31척, 길이 47척, 너비는 32척의 간의대를 만들게 하였다고 한다. 간의대에는 간의가 설치되었고, 간의 남쪽에 정방안이 있었다. 또한, 간의대 서쪽에는 40척(5배 8척) 동표銅表와 청석靑石 면에 장·척·촌·분丈尺寸分 6의 눈금을 세긴 규圭를 만들 어 세웠다.(이후 40척 규표를 '대규표'라 칭함) 이 대규표는 영부影符를 사용하여 태양 중심의 그림자를 획득하여 계절의 변화를 확인할 수 있었다. 대규표의 서쪽 에는 작은 전각을 지어 혼의(혼천의, 천문을 관측하는데 사용된 기구)와 혼상(하늘의 별을 보이는 위치 그대로 둥근 표면에 표시한 천문기기)을 순서대로 설치하였다. 간의대기의 첫 부분에 소개되어 있는 간의대 중심의 천문 관측 기기들은 중국 고전을 참고하여 당시 최신 과학기술을 적용하여 개발한 것이었다.

인류는 자연이 주는 시간의 원리를 이용하여 시간과 계절을 측정할 수 있는 천문 기구들을 만들어 이를 측정하였다. 서양에서는 일 년을 봄, 여름, 가을, 겨울로 사계절을 사용하였고, 동양에서는 24절기를 만들어 사용하였다. 실용적인 측면에서 시계는 하루의 시간을 알려주는 기계로 한정되었고, 하루의 시간은 12등분이나 24등분으로 나누어 사용했다. 이 체계는 현대에 이르기까지 변함없이 사용되고 있다. 우리나라에서 24절기를 음력과 연관지어 생각할 사람들이 많이 있다. 24절기는 달이 아닌 태양을 기준으로 구분한 사계절보다 세분화된 동양에서 사용된 절기로 '입추', '소한' 등의 절기의 뜻도 찾아보면 계절 변화에 관심이 많았던 조상들의 지혜도 이해할 수 있을 것이다.

그림 1-3 세종 때 세운 규표 축소 모형, 한국천문연구원 소장

# 고대 이집트 해시계

해시계는 태양의 일주 운동을 이용하여 노몬의 그림자로 시간을 알 수 있게 만든 장치이다. 원시시대에 나무 그림자를 보고 시간을 측정한 것이 인간이 만든 가장 오랜된 해시계이다. 그림자의 길이를 재는 방식의 해시계는 노몬의 그림자로 시간을 측정하였다. 이것이 바로 해시계의 시초이자 시계 역사의 시초가 되었다. 역사에 기록되고 유물로 남아 있는 가장 오래된 해시계는 이집트 해시계이다. 고대 이집트에서는 오벨리스크가 노몬으로 쓰였다. 그러나 노몬이 지표면과 수직으로 되어 있으면 태양의 움직임에 의해 노몬의 그림자가 복잡하게 변하기 때문에 유용성이 떨어지는 문제점을 가지고 있었다. 그래서 노몬을 지구 자전축과 평행이 되게 기울이는 방법을 도입해 이러한 문제점을 해결한 해시계를 제작해 사용하였다. 그러나 이 또한 지구 자전축과 평행한 노몬의 그림자 위치가 계절에 관계없이 같은 장소의 일정한 위치에 오게 되었지만 그림자의 길이는 늘 변했다.

해시계는 기원전 1,500년 경 이집트 해시계가 가장 오랜 된 것이지만, 이를 먼저 발명한 것은 아마도 바빌로니아인 이었을 것으로 추측된다. 이 후 해시계는 기원전 6세기 초에 그리스에 소개되는 등 차츰 동서로 전해졌다. 해시계는 중세 유럽에서 기계로 작동하는 시계가 출현 보급될 때까지 널리 사용되었고, 밤이나 날씨가 흐릴 때에는 사용 할 수 없다는 단점도 있었지만 17세기는 기계로 작동하는 시계보다도 오히려 더 정확했다고 한다.

2011년 우크라이나의 도네츠크 지역박물관의 고고학팀에 의해서 이집트 해시계 보다 더 오래된 돌로 만들어진 해시계가 발견되었다. 유리 폴리도비치와 그의 팀은 우랄산맥과 우크라이나 드나이퍼강 사이에서 청동기시대 무덤을 조사하던 중에 발견된 유물을 라리샤 보돌라츠스카야 박사에게 의뢰해 알아본 결과 용도가 해시계임이 밝혀졌다. 박사는 발견된 돌의 크기와 기하학적 구조 그리고 돌 위에 새겨진 구멍, 돌에 새겨진 여러개의 평행선, 선 끝마다 세겨진 타원형 모양과 태양의 고도와 방위각을 계산하여 이 돌이 곧 아날레마 해시계임을 알게 되었다. 이는 기원전 1,300년 경 청동기 시대에 제작된 돌 해시계로 청동기인들이 해가 떠

그림 1-4 오벨리스크, 이집트

서 질 때까지 시간을 일정한 눈금으로 측정하는 해시계를 만들어 사용했다는 것을 의미한다. 아날레마 해시계는 현대 수학과 천문학 이론으로도 계산이 복잡한 해시계에 속한다. 다년간의 실측으로 이러한 것을 만들었다고는 믿기 어려울 정도로 거의 오차가 나지 않는 것으로 봐서 청동기 시대에 이러한 해시계를 만들었다는 것은 그들의 수학과 천문학적 지식이 상당한 수준이었다는 것을 말해준다.

그림 1-4 우크라이나에서 발견된 해시계

* 출처: LarisaVodolazhskaya(2011), Analemmatic and Horizontal Sundials of the Bronze Age

Chapter 2

# 해시계 기초 이론 I

# 여러 가지 좌표계

직교 좌표계 Rectangular Coordinate System는 임의의 차원의 유클리드 공간으로 나타내는 좌표계의 하나이다. 1차원은 수직선, 2차원은 좌표평면, 3차원은 좌표공간을 나타낸다. 이를 발견한 프랑스의 수학자 데카르트의 이름을 따서 데카르트 좌표계 Cartesian Coordinate System라고도 부른다. 2차원 데카르트 좌표계는 $xy$ 평면을 이루는 서로 직교하는 수평 방향의 $x$축과 수직 방향의 $y$축으로 정의한다. $x$축과 $y$축의 교점을 원점 O 라고 부른다. 대상object 점 P 는 2차원 성분으로 $\mathrm{P}(a, b)$로 나타낸다. 또한 3차원 좌표계는 $x$ 축, $y$ 축 그리고 $z$ 축은 원점 O 에서 만나고, 서로 직교하며 2개의 축으로 이루어진 $xy$ 평면, $yz$ 평면, $zx$ 평면으로 이

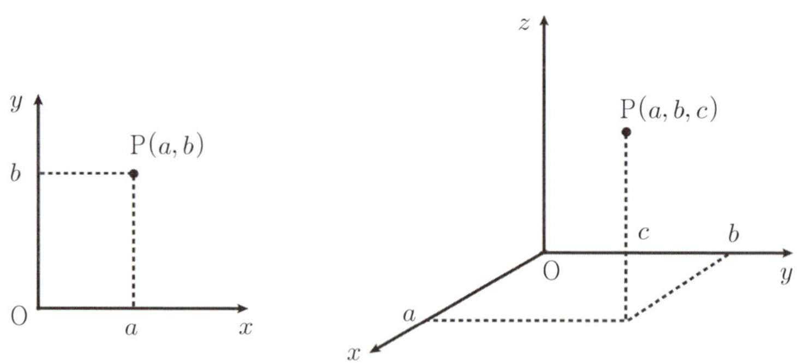


그림 2-1 2차원 직교 좌표계와 3차원 직교 좌표계

세 평면 또한 서로 직교한다. 대상 점 P는 3차원 성분으로 $P(a, b, c)$로 나타낸다.

극 좌표계Polar Coordinate System는 평면 위의 위치를 각도와 거리를 써서 나타내는 2차원 좌표계이다. 데카르트 좌표에서 원점 O에 해당하는 극에서부터 대상 점 P까지 거리를 $r$ ($r \geq 0$)로 나타내고, 직교 좌표계에서 원점 O에서 $x$축 양의 방향의 반직선을 '시초선'이라 하고 이 시초선으로부터 반시계 방향으로 점 P까지 의 크기 즉, 시초선과 $\overline{OP}$가 이루는 각을 $\theta$라 할 때, 점 P를 성분으로 나타내면 점 $P(r, \theta)$로 나타낸다.

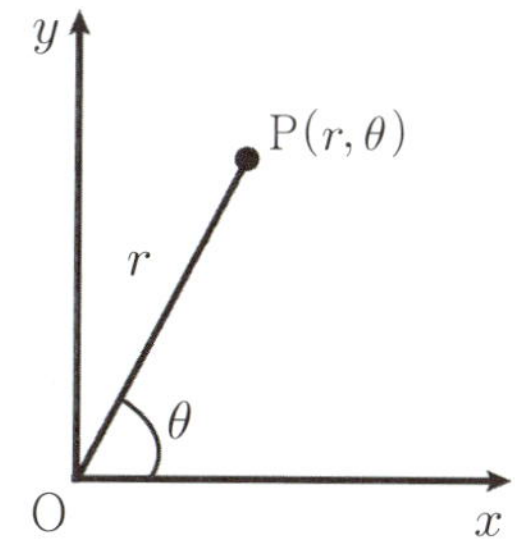

그림 2-2 극 좌표계

구면 좌표계 Spherical Coordinate System는 3차원 공간상의 점들을 나타내는 좌표계이다. 원점 O로부터 대상 점 P까지 거리를 $r$ 이라 하고, 점 P를 $xy$ 평면에 정사영 시킨 점을 $P'$이라 할 때, $x$축과 $\overline{OP'}$가 이루는 각을 $\theta$라 하고, $\overline{OP}$와 $z$ 축과 이루는 각을 $\varphi$라 하자. 그러면 점 P를 성분으로 나타내면, $P(r, \theta, \varphi)$로 나타내는 좌표계이다.

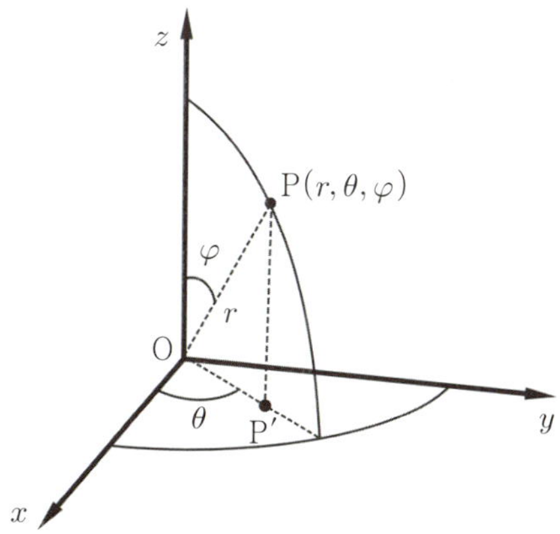

그림 2-3 구면 좌표계

그러나 천문학에서 사용되는 구면 좌표계는 경도와 위도를 사용하기 때문에, 위도를 가지고 사용되는 구면 좌표계를 사용할 것이다. 즉, $x$ 축과 $\overline{OP'}$이 이루는 각을 $\theta$라 하고, $\overline{OP}$와 $\overline{OP'}$이 이루는 각을 $\phi$라 하고, 원점 O로부터 대상 점 P까지 거리를 $r$이라고 하면, 점 P의 성분으로 표현하면 $P(r, \theta, \phi)$로 나타낼 수 있다. 이 때 각 $\theta$는 경도에 해당하고 $\phi$는 위도에 해당한다. 또한 경도 $\theta$를 시간각 $\tau$로 나타내어 해시계 이론을 전개할 것이다.

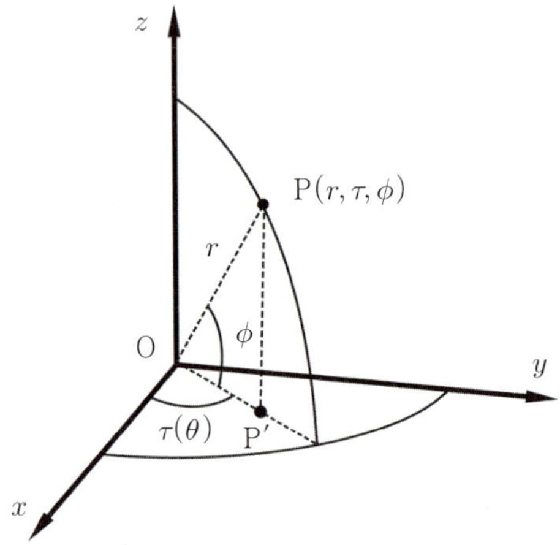


그림 2-4 천문학에서 사용되는 구면 좌표계

해시계에서 사용되는 좌표계는 수학적으로 보면 기본적으로 직교 좌표계, 극 좌표계, 구면 좌표계 및 원기둥 좌표계 등 많은 좌표계들이 혼용되어서 사용된다. 그러므로 여러 가지 좌표계의 기본적인 개념을 숙지해야 한다.

# 이차 곡선

직각 삼각형의 직각을 이루는 변 중 하나를 축으로 하여 회전시킬 때 생기는 입체도형은 원뿔이다. 이러한 원뿔을 그 꼭짓점을 지나지 않는 평면으로 잘랐을 때 생기는 단면의 평면 곡선을 원추 곡선圓錐曲線 또는 원뿔 곡선이라고 한다. [그림 2-5]에서처럼 원뿔의 축에 대한 평면의 기울기가 모선의 기울기에 비하여 작은가, 같은가, 큰가에 따라서 각각 타원, 포물선, 쌍곡선이라고 한다.

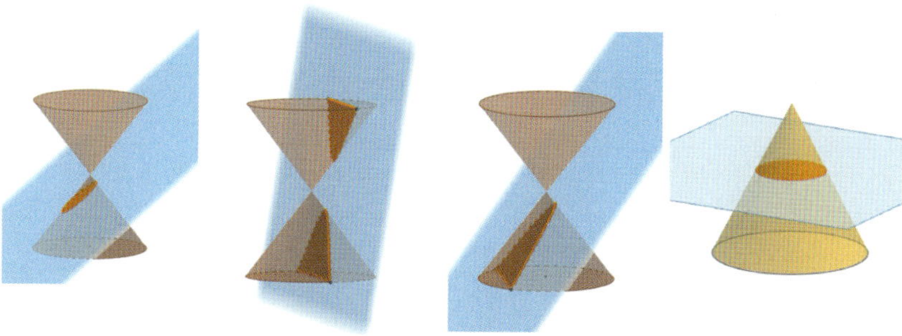

그림 2-5 타원, 쌍곡선, 포물선, 원

원은 타원의 일부로 생각할 수 있는데, 평면이 원뿔의 밑면과 평행하면 평면에 의해서 원뿔이 잘린 선이 원이 된다. 이는 그리스인들로부터 기원을 두고 있다. 기원전 4세기경부터 그리스인들은 원 이외에도 여러 가지 곡선에 관한 연구를 하였고, 유클리드 원론의 유실된 네 부분이 타원, 쌍곡선, 포물선 등을 다룬 것이라 전해져온다. 원을 포함하여 타원, 쌍곡선, 포물선을 원뿔곡선이라고 부르는 것은 [그림 2-5]와 같이 이들 곡선이 한 평면에 의한 단면으로 나타나기 때문이다.

이들 곡선들을 대수적인 방정식으로 표현을 하면 변수가 2개인 이차 방정식으로 표현되어서 이차 곡선이라고도 한다. 이차 곡선들은 $x$와 $y$에 대한 이차방정식

$$Ax^2 + Bxy + Cy^2 + Dx + Ey + F = 0$$

(단, $A$, $B$, $C$ 모두 0이 아니다.)

으로 나타낼 수 있다.

이차곡선 원, 타원, 쌍곡선, 포물선에 대한 이차방정식의 표현들을 정리하면 [표 2-1]과 같다.

표 2-1 이차 곡선의 이차 방정식 표현

| 이차곡선 | 이차방정식 |
|---|---|
| 원 | $x^2 + y^2 = r^2$ (단, $r > 0$) |
| 타원 | $\frac{x^2}{a^2} + \frac{y^2}{b^2} = 1$(단, $a \neq 0$, $b \neq 0$) |
| 쌍곡선 | $\frac{x^2}{a^2} - \frac{y^2}{b^2} = 1$ 또는 $\frac{x^2}{a^2} - \frac{y^2}{b^2} = -1$(단, $a \neq 0$, $b \neq 0$) |
| 포물선 | $x^2 = 4py$ 또는 $y^2 = 4px$ (단, $p \neq 0$) |

해시계와 이차 곡선의 관계는 무엇일까?

관측자가 위치한 지평면이 위에서 언급한 평면이 되다. 그리고 노몬은 지평면에 진북방향으로 관측자가 있는 위도만큼 기울어져 있다. 지구가 자전을 하기 때문에 노몬을 지구 자전축과 평행하게 하면 태양빛은 지구 적도와 기울어져 비워 노몬의 끝을 지나 지평면에 비추면서 그림자가 생기게 된다. 이때 노몬의 끝을 지나고 지평면까지 비추는 태양빛이 모선

이 된다. 노몬은 회전축이 되고 지구가 자전을 하면 모선에 의해서 생기는 도형은 원뿔이 되고 지평면(시반면)이 원뿔을 잘라 생기는 도형이 이차 곡선이 된다. 노몬의 그림자 궤적은 위도와 시반면 위치에 따라 원, 타원, 쌍곡선, 포물선이 된다. [그림 2-6]

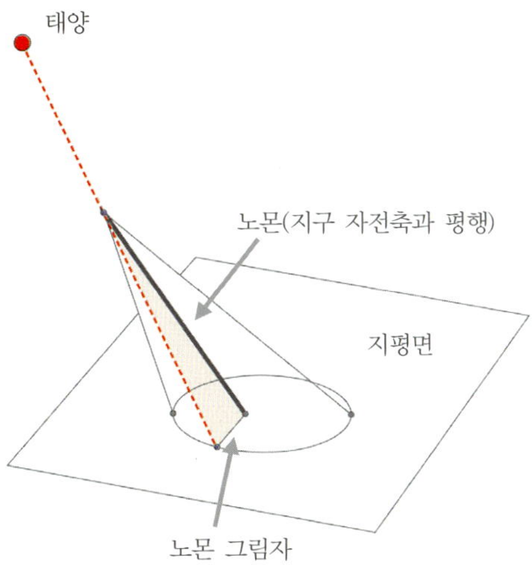


그림 2-6 원뿔 곡선과 해시계의 관계

Chapter 3

# 해시계 기초 이론 II

# 지구의 자전과 천체의 일주 운동

그림 3-1 천체 일주 운동. 장소: 북천

[그림 3-1]은 우리나라에서 북쪽 지평선 부근의 밤하늘을 1시간 동안 연속적으로 촬영한 사진이다. 모든 별들이 북극성 부근의 한 점을 중심으로 회전하는 것을 알 수 있다. 모든 천체는 이처럼 동에서 서로 회전을 하는데, 이를 천체의 일주 운동이라고 한다. 천체의 일주운동은 천체가 실제로 지구를 중심으로 회전하는 것이 아니라 지구가 지구 자전축을 중심으로 하루에 한 번씩 서에서 동으로 자전을 하기 때문에 나타나는 겉보기 현상이다. 태양도 밤하늘의 천체처럼 일주 운동을 한다. 천체가 천

구 상에서 일주 운동을 하는 경로를 일주권이라고 하고, 모든 천체의 일주권은 적도면과 평행하게 된다. 별은 이 일주권을 통해 항상 보이는 별을 주극성, 별이 지평선 아래에서 떴다가 지는 출몰성, 항상 별이 지평선 아래에 있으면 전몰성으로 구분된다. [그림 3-2]

태양의 일주 운동은 동쪽에서 떠서 남쪽 방향으로 운동하다가 다시 서쪽으로 지는 것을 의미한다. 태양이 춘분과 추분에 위치하면, 정 동쪽에서 떠서 정 서쪽으로 지고 동지 때는 남쪽으로 치우쳐서(동남쪽–서남쪽), 하지 때는 북쪽으로 치우쳐서(북동쪽–북서쪽) 태양의 위치가 옮겨져 해가 뜨고 진다. [그림 3-3] 12시 정오를 기준으로 보면 23.45°만큼 차이를 두고 하지 때는 북쪽 방향으로 이동하고, 동지 때는 남쪽으로 이동해 태양이 움직인다.

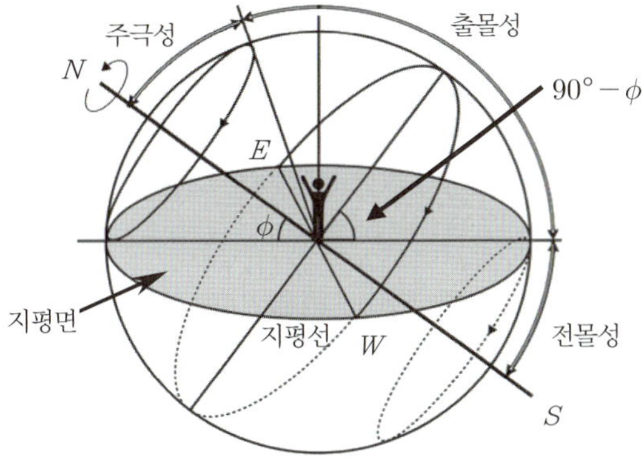


그림 3-2 중위도 지역의 일주권

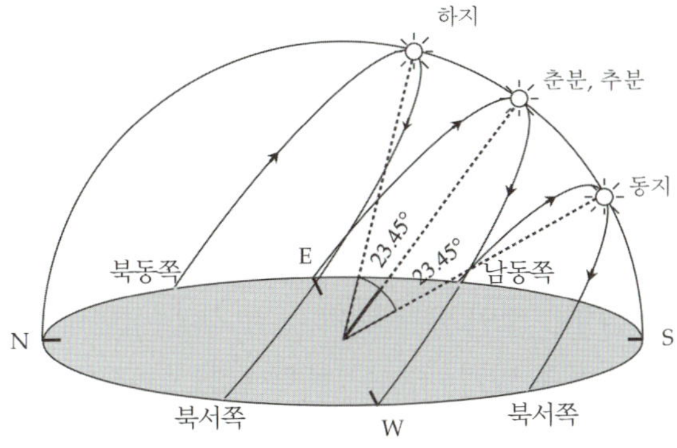


그림 3-3 중위도 지역의 태양의 일주 운동

천체의 일주권과 지평면이 이루는 각은 관측자의 위도에 따라 달라지고, 천체의 일주 운동도 달라진다. 일주권이 지평면과 나란한 북극과 남

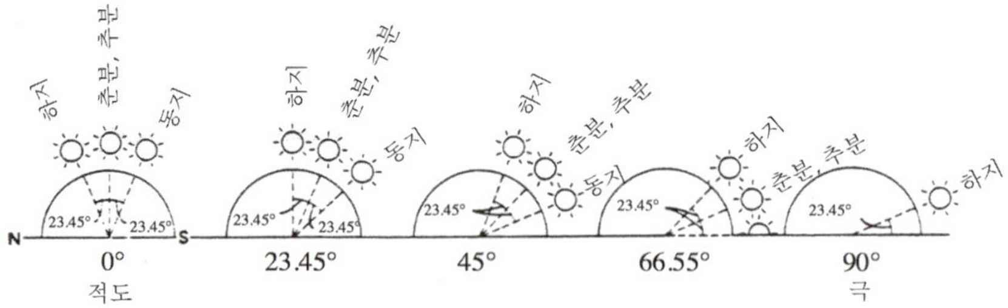


그림 3-4 위도에 따른 태양의 일주 운동

극 지역에서는 별이 뜨고 지는 형상이 일어나지 않는다. 모든 별은 항상 같은 고도에 떠있고, 하루에 한번 씩 천구 상을 회전할 뿐이다. 일주권이 지평면과 직각을 이루고 있는 적도 지방에서는 모든 별이 지평면에서 수직으로 뜨고 진다. 일주권이 지평면과 비스듬하게 기울어져 있는 우리나라와 같은 중위도 지방에서는 천체들이 지평선 위에 항상 떠 있는 주극성과 떴다 지는 출몰성이 함께 관측된다. 항상 지평선 아래에 있는 전몰성도 존재한다. 출몰성 천체들은 동쪽 지평선에서 비스듬히 떠서 남쪽 하늘을 지나 서쪽 지평선으로 비스듬히 지는 운동을 한다. [그림 3-4]

오늘 정오부터 내일 정오까지를 하루라고 정의할 때, 하루의 각이 360°보다는 약간 크지만 그 값을 무시할 만큼의 작은 각이어서, 지구가 자전을 하지 않는다고 가정하면 태양은 지구 주위를 하루에 360°만큼 회전한다고 할 수 있다. 즉, 태양은 1시간에 15°만큼 회전한다고 볼 수 있다. 지구 자전축이 23.45°기울어져 자전을 하고 있기 때문에 위도에 따라서 태양의 움직임이 다르다.

밀란코비치Milutin Milankovitcs, 1879-1958는 황도면의 수직에 대한 지구 자전축 경사가 일정한 것이 아니라 21.5°와 24.5°사이를 약 41,000년의 주기로 변한다는 것을 발견하였다. 현재는 23.45°정도 기울어져 있다. 이 자전축의 경사 정도가 계절 변화의 주요 요인이다. 경사가 심할수록 계절의 온도차이가 커지고, 경사가 작을수록 계절의 온도차이가 작아진다. 즉, 지구 자전축이 수직에 가까울수록 여름은 시원해지고, 겨울은 따뜻해져, 계절의 차이를 느낄 수가 없게 되는 것이다.

# 지구의 공전

지구는 23.45°기울어진 상태로 자전을 하면서, 태양 주위를 공전을 하고 있다. [그림 3-5] 하루의 의미는 낮 12시(해가 정오에 있다는)를 기준으로 할 때 다음날 낮 12시가 될 때 까지 24시간을 의미한다. 그러나 지구는 자전을 하며 공전을 하기 때문에 각도 상으로 보면 하루 동안 정확히 360°만큼 회전을 하는 것이 아니라 360°보다 약간 크게 회전하게 된다. 정확히 360°의 자전을 366번 한 후 1년째 정확히 같은 자리에 온다고 가정하면 낮 12시를 기준으로 했을 때는 365일, 즉 공전으로 인해 하루를 잃게 되어 365일이 1년이 된다. 1년의 공전은 정확히 365일 아니라 365.245일 정도가 된다. 따라서 4년마다 윤년을 두어 1일을 더하고, 돌아오는 100년마다 1일을 빼야하며 400년마다 1일을 더해 줘야 한다.

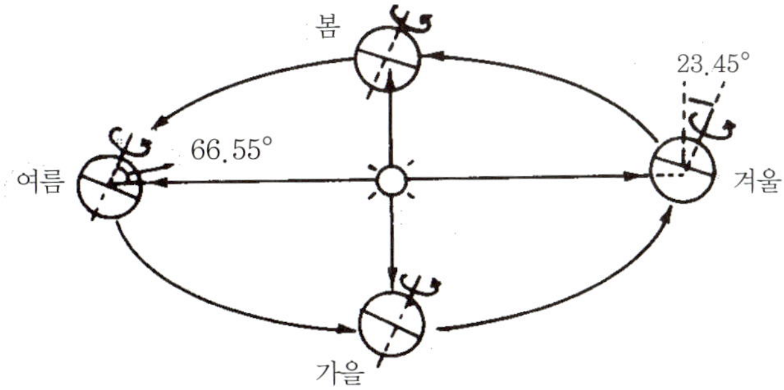


그림 3-5 지구는 태양 주위를 공전하고 있다.

# 태양의 연주 운동

지구는 1년을 주기로 태양 주위를 공전하고 있다. 그런데 지구상의 관측자 입장에서는 다른 천체들이 1년을 주기로 운동을 하고 있는 것처럼 관측되는데 이러한 겉보기 운동을 연주 운동이라고 한다. 즉 밤하늘 별자리는 매일 밤 서쪽으로 약 1°씩 이동한 곳에서 관측되고, 1년이 지난 후에 같은 자리에서 같은 별자리를 볼 수 있게 된다는 것을 의미한다. 또한 태양은 천구 상에서 황도를 따라 지구의 공전과 같은 방향인 서쪽에서 동쪽으로 1°씩 이동하는 것처럼 관측되는데 이것을 태양의 연주운동이라고 한다.

# 진북과 자북 차이로 인한 편각 보정

나침판의 자침을 돌게 하면 결국 멈춰서 남북 방향을 가리키게 된다. 이때 나침판의 북극은 실제 지구 자전축의 북극인 진북(지리상의 북극)을 가리키지는 않는다. 나침판이 가리키는 남북 방향은 자구 자기장의 북극인 자북 방향이다. 진북과 자북은 현저하게 차이가 난다. 2004년의 지구의 자북은 캐나다 북쪽 끝인 레졸루트 베이 부근(동경 서경 265°48')에 있으며, 진북인 북극과는 약 966km나 떨어져 있다. 캐나다 연구팀의 보고에 따르면, 위차가 매년 조금씩 바뀌는 자북은 2004년에 캐나다 영토를 벗어나, 약 50년 후에는 러시아 영토로 이돌 할 수 있다고 한다. 물론 연구팀은 과거의 예로 볼 때 자북이 다시 반대로 움직일 수도 있어 심각한 변화라고 볼 수는 없다고 한다.

편각偏角, declination은 지구 자기의 요소 중 하나로서, 북반구를 기준으로 지구상의 현재 위치에서 진북(지리상의 북극) 방향과 나침반의 N극이 가리키는 자기 북극 방향 사이의 각도이다. 자북을 통해서 진북을 알기 위해서는 편각 보정을 해야만 한다. 자북극과 자남극을 연결한 선은 지구 자전축에 대해 11.5°(1999년 기준) 기울어져 있고, 편각은 장소에 따라 다르게 나타난다.

인터넷에서 현재의 위치에서의 편각을 계산해 주는 사이트가 있다. 아래 링크의 사이트를 방문하면 위치한 지역의 위도와 경도 값을 입력 할 수 있고, 두 값을 입력하면 편각과 편각 보정각을 확인 할 수 있다.

http://www.ngdc.noaa.gov/geomag-web/#declination

대전둔원고등학교의 위도 값(36.34°)와 경도 값(동경 127.37°)을 입력하면 편각은 서편각 약 7.89°(±0.3°,오차)가 나타나고, 편각 보정 값을 일 년에 0.07°의 각을 더해 줘야 함을 할 수 있다.

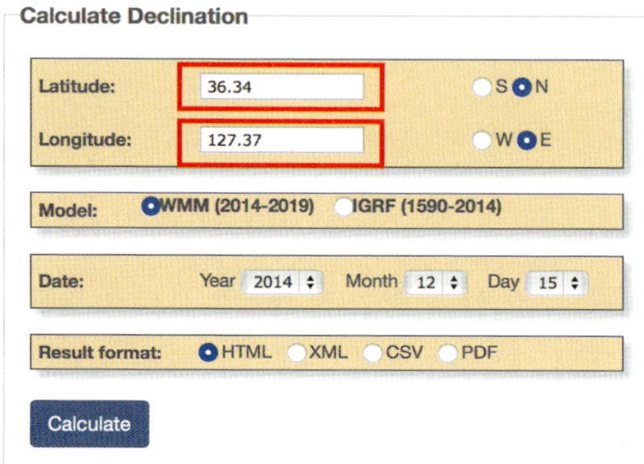


그림 3-6 위도와 경도 입력창

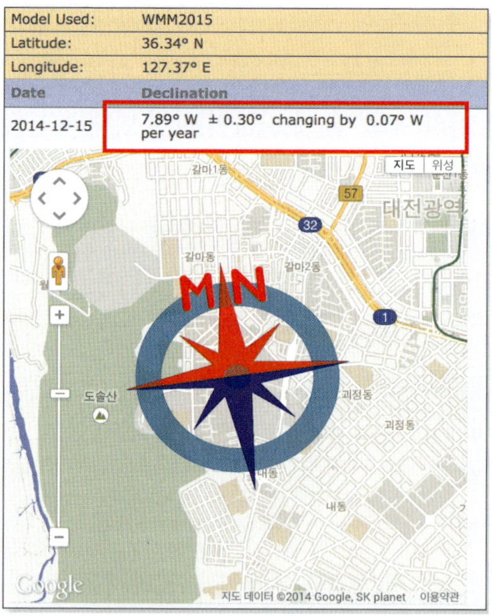


그림 3-7 편각과 편각 보정각

# 적도 좌표계와 황도 좌표계

적도 좌표계란 망원경을 통한 천체 관측에서 사용되는 구면좌표계로 적경($\alpha$)와 적위($\delta$)로 천체의 위치를 표시한다. 적도 좌표계에서는 춘분점과 천구의 적도를 기준으로 천체의 위치를 적경과 적위로 나타낸다. 적경을 천구 상의 춘분점으로부터 시계 반대 방향으로 재며, 0~24시의 값을 가진다. 적위는 천구의 적도를 기준으로 0°~90°사이의 값을 가지며, 시간과 장소에 따라 변하는 지평 좌표계와는 달리, 적도 좌표계는 변하지 않는 고유한 값을 가지므로 항성에 대해서 적도 좌표의 값은 시간과 함께 변하지 않지만 적도와 춘분점이 세차歲差와 장동章動으로 움직이고 있기 때문에, 움직이지 않는 항성의 적도 좌표의 값도 겉보기로는 변화한다. 그것을 피하기 위하여 1950년 초 부터 적도와 춘분점을 기준으로 한 적도 좌표계가 많이 쓰인다.

황도 좌표계란 태양이 지나가는 면으로 황경($\lambda$)과 황위($\beta$)로 천체의 위치를 표시하는 구면 좌표계를 말한다. 이러한 황도 좌표계는 지구 공전 궤도면과 천구면이 만나서 만들어지는 황도를 기준으로 하며, 태양계 내의 행성들의 위치를 표시하는데 편리하다. 황경은 황도 상에서 춘분점으로 부터 동쪽으로 잰 각을 말하고, 황위는 황도면에서 북쪽 방향으로 (+) 잰 각을 말한다. 지구의 적도면과는 23.45°만큼 기울어져 있다

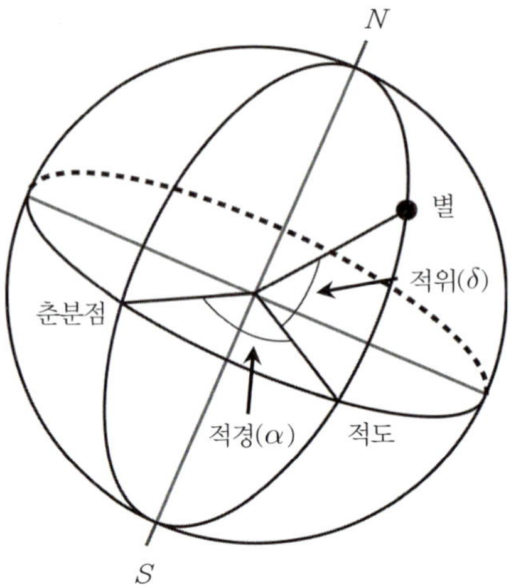


그림 3-8 적도 좌표계

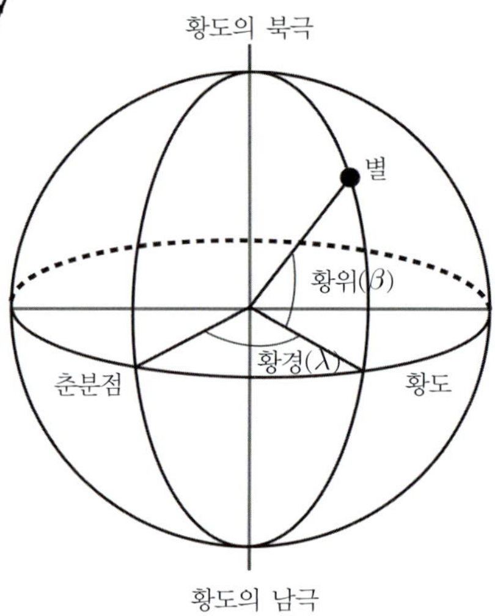


그림 3-9 황도 좌표계

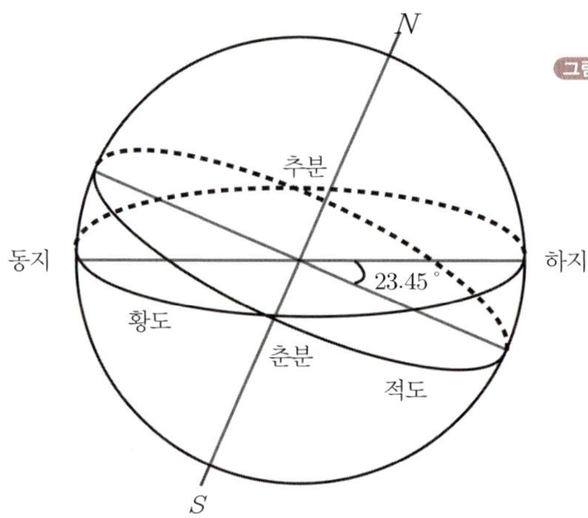


그림 3-10 적도 좌표계와 황도 좌표계

# 지평 좌표계

지평 좌표계란 천체 관측에서 가장 기본이 되는 구면 좌표계다. 지평면을 기준면으로 하고 남쪽 또는 북쪽을 기준으로 하여 방위각($A$, Azimuth)을 측정하고, 지평면에서 별까지의 고도(고도각, $a$, altitude)를 측정해 나타낼 수 있다. 대체적으로 북쪽을 기준으로 하여 방위각을 측정하고 있으나, 해시계의 수학적 이론을 쉽게 전개하기 위해서 남쪽을 기준으로 하여 전개하려 한다. 천정과 천저의 경우는 이를 지나는 수직권이 무한히 많기 때문에 방위각을 정의할 수 없다. 또한 고도 대신 천정 거리를 사용하는 방법도 있는데, 천정 거리는 천정과 그 천체 사이의 각도로서 90°에서 고도를 뺀 값(90° − $a$)과 같다. 지평 좌표계는 천체의 위치를 직관적으로 알 수 있어 편리하지만, 천구의 일주 운동에 의해 천체의 고도와 방위각이 시시각각 변하기 때문에 정해진 시각 외에는 사용할 수 없다. 또, 관측자의 위치에 따라 지평면이 달라져 같은 시각에 동일한 천체를 관측하더라도 장소에 따라 방위각과 도고가 달라진다는 단점이 있다.

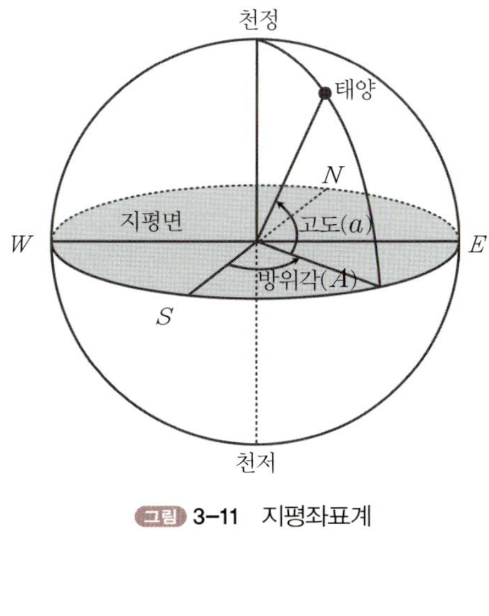


그림 3-11 지평좌표계

# 경도차, 균시차에 의한 시간보정

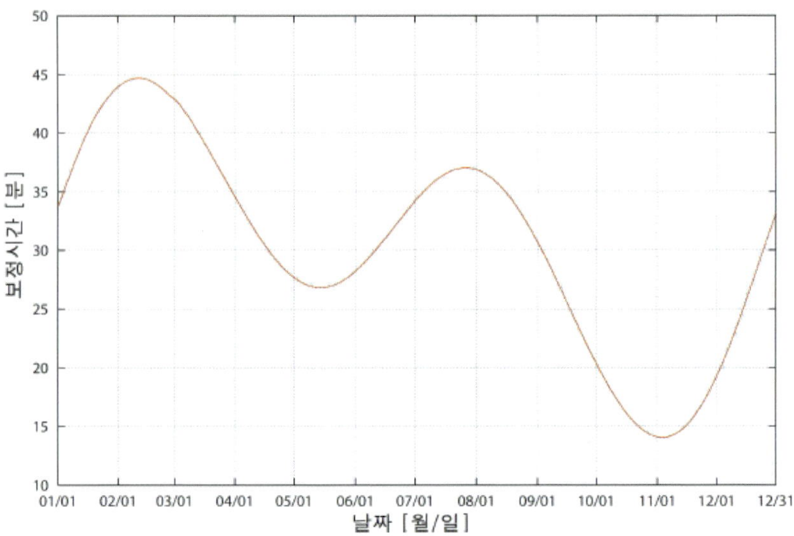


그림 3-12 시간보정 그래프 (대전둔원고등학교 위도 36.34° 기준)

해시계로 시간을 읽으려면 균시차와 경도차를 알아야 한다. 균치사란 진태양시와 평균 태양시의 차이를 말하는데 약 −15분에서 +15분 사이의 차이가 나 균시차 그래프를 보고 일 년의 날 수에 대한 시차를 보정해주어야 한다. 경도차란 현재 우리나라의 표준시는 서울의 경도인 동경 127도 30분을 사용하지 않고 동경 135도(도쿄)의 표준 시간을 쓰고 있기 때문에 서울을 기준으로 30분의 시간 차이가 생기는 것을 의미한다. 따라서 실제 시간은 진태양시에 30분을 더해주어야 한다.

시차 보정은 균시차와 경도차 보정을 포함하여 계산한 것이다. 시차 보정은 1년의 매일 시차를 곡선으로 나타낸 것으로 해시계가 나타내는 진태양시로 부터 해당 일의 시차를 더하면 표준시가 된다.

(한국표준시) = (진태양시) + (경도차 보정) - (균시차)
= (진태양시) + (시차보정표의 시차)

예를 들어 10월 1일에 해시계에 그림자가 오후 1시를 가리키고 있다. 한국 표준시를 구하여 보자. 해시계로 읽은 진태양시는 오후 1시를 가리키고 있다. 또한 10월 1일의 시차 보정표의 시차는 20분이므로, 한국표준시는 해시계로 읽은 진태양시 오후 1시에 10월1일 날짜의 시차보정 시간 20분을 더한 오후 1시 20분으로 읽어야 한다.

Chapter 4

# 태양의 적위 계산

# 구면 기하학을 이용한 태양의 적위 계산

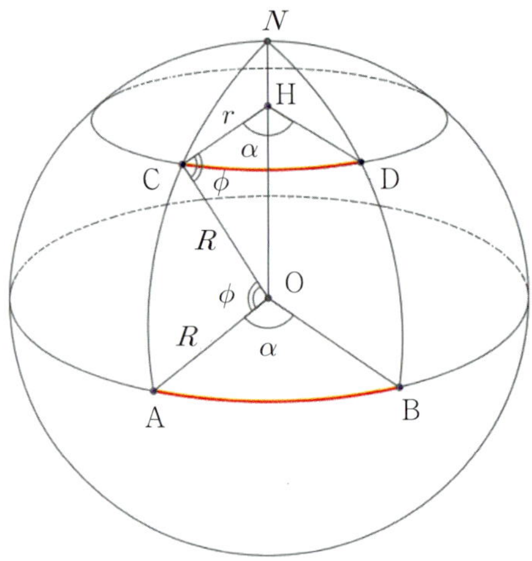


그림 4-1 구면기하학 성질

적도 좌표계에서는 별들의 위치를 적경($\alpha$)과 적위($\delta$)로 나타낼 수 있다. 적위는 별의 위치를 지구 중심을 원점으로 한 적도부터 별까지 잰 각을 말하고 북쪽을 양의 방향으로 남쪽을 음의 방향으로 잰 각으로 정의한다. 우리는 태양의 적위 값을 측정을 해야 태양의 위치를 알 수 있고 이를 이용해 해시계를 만들 수 있다. 태양의 적위 값은 1년을 주기로 반복되는 주기를 가지고 있으며, 그 값은 날수(=$N$)에 따라 그 값을 정의할 수 있다. 날수 $N$은 1월 1일을 $N=1$, 1월 2일을 $N=2$, 1월 3일을

$N=3$, $\cdots$, 12월 31일은 $N=365$로 정의한다. 4년 마다 윤년일 때는 날수를 366일로 계산을 한다. 춘분과 추분 때에는 낮과 밤의 길이가 같은데, 춘분점을 기준으로 해 태양의 적위 값을 계산 한다. 적위 값을 계산하기 위해서는 구면 기하학 이론을 적용하여 구할 수 있다.

[그림 4-1]에서 중심이 O이고, 반지름이 $R(=\overline{\mathrm{OA}}=\overline{\mathrm{OB}})$인 구와 적도면을 지나는 원과 적도면과 평행한 원을 북쪽 방향으로 위도 $\phi$가 되게 이동시켜 생기는 중심이 H이고, 반지름이 $r(\overline{\mathrm{HC}}=\overline{\mathrm{HD}})$인 원과 각 극점을 지나고 이루는 각이 $\alpha(=\angle\mathrm{CHD})$인 서로 다른 대 원 2개와 만나는 점을 각각 $A$, $B$, $C$, $D$이라고 하자. 그러면,

$$\widehat{\mathrm{CD}}=r\alpha,\ \widehat{\mathrm{AB}}=R\alpha \tag{4.1}$$

이고,

$$r=R\cos\phi \tag{4.2}$$

이므로 위 두 식 (4.1)과 식 (4.2)를 연립하여 풀면,

$$\widehat{\mathrm{CD}}=\widehat{\mathrm{AB}}\cos\phi \tag{4.3}$$

가 성립한다.

[그림 4-2]에서 황도와 적도는 23.45° 각을 이루면서 기울어져 있다. 이를 구면 기하학에 적용해 보자. 춘분점을 극으로 하고, 두 대원을 황도와 적도, 하지와 동지를 지나는 원을 적도면으로 생각하자. 또한 $p$는 하지로 부터 태양의 위치 D까지 계절각이고 반지름을 1이라고 하자. $\widehat{\mathrm{CD}}$를 품는 대원과 $\widehat{\mathrm{AB}}$를 품는 대원은 서로 평행하지 않지만 서로 평행하다고 가정 하자. 그리고 식 (4.3)에 적용하여 보면

$$\widehat{\mathrm{CD}}=\widehat{\mathrm{AB}}\cos p,\ \delta=23.45^\circ\cos p \tag{4.4}$$

가 성립한다. 또한 $p+q=\dfrac{\pi}{2}$이므로 적위 $\delta$는

$$\delta = 23.45° \cos p = 23.45° \cos\left(\frac{\pi}{2} - q\right) = 23.45° \sin q \qquad (4.5)$$

이고, 춘분날 날수 $N$은 $N = 81$이므로 태양의 계절각 $q$는

$$q = 2\pi \times \frac{(N - 81)}{365.25} \qquad (4.6)$$

이다. 따라서 식 (4.6)을 식 (4.5)에 대입하여 적위 $\delta$를 날수 $N$에 대하여 나타내어 보면,

$$\delta(N) = 23.45° \sin\left(2\pi \times \frac{(N - 81)}{365.25}\right) \qquad (4.7)$$

이다. 여기서 계산된 적위 값은 근사값이지만 매우 유용한 값이다. 이 값은 실제 적위 값과의 평균오차가 0.26° 밖에 차이가 나지 않는다.

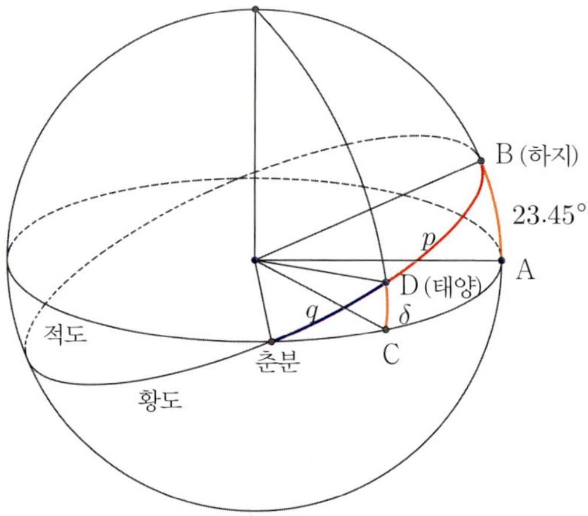


그림 4-2 구면 기하학을 이용한 적위 계산

구면 기하학의 사인법칙을 이용해도 태양의 적위를 간단히 유도할 수 있다.

[그림 4-3]에서 $\varepsilon(=23.45°)$, 황경 $\lambda$과 구면 기하학의 사인법칙을 이용하면

$$\frac{\sin\varepsilon}{\sin\delta}=\frac{\sin\left(\frac{\pi}{2}\right)}{\sin\lambda} \tag{4.8}$$

이다. 식 (4.8)을 정리하면

$$\sin\delta=\sin\lambda\sin\varepsilon \tag{4.9}$$

이다. 식 (4.9)에서 적위 값

$$\delta=\sin^{-1}(\sin\lambda\sin\varepsilon) \tag{4.10}$$

의 공식을 유도 할 수 있다. 식 (4.7) 적위값은 근사값이나 식 (4.10)의 적위 값은 실제 태양의 적위 값이다.

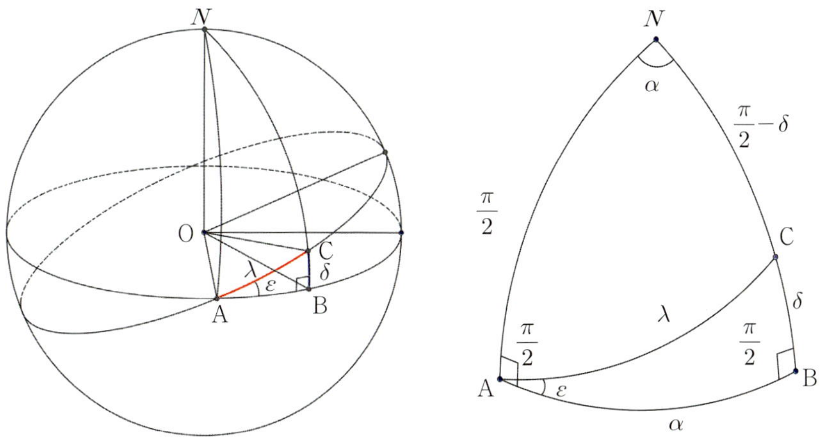


그림 4-3 구면기하학의 사인법칙

# 삼각함수와 황도 좌표계를 이용한 태양 적위 계산

황도 좌표계에서 황도면에 있는 태양 위치를 점 D 라고 하고, 이를 적도면에 내린 수선의 발을 점 E 이라고 하며, 점 E 에서 춘분선에 내린 수선의 발을 점 F 라 하자. 또한 $\overline{DF}$ 와 $\overline{EF}$ 의 각을 $\varepsilon(=23.45°)$라 하고, 태양과 태양의 황도면을 따라 춘분점으로부터의 황경을 $\lambda$라 하자. 그러면 적도면으로부터 태양의 적위 $\delta$를 $\varepsilon$, $\lambda$ 와 삼각함수로 나타낼 수 있다.

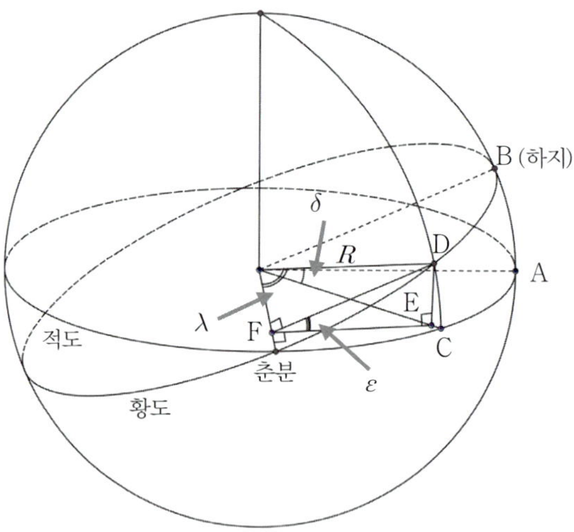


그림 4-4 삼각함수를 이용한 적위 계산

[그림 4-4]에서 삼각함수를 이용하여 $\overline{DE}$ 를 나타내면

$$\overline{DE} = R\sin\delta = R\sin\lambda\sin\varepsilon \tag{4.11}$$

이고, 이를 다시 정리하면

$$\sin\delta = \sin\lambda\sin\varepsilon \tag{4.12}$$

이다. 식 (4.12)를 적위로 나타내 보면

$$\delta = \sin^{-1}(\sin\lambda\sin\varepsilon) \tag{4.13}$$

이다.

# 황도 좌표계와 적도 좌표계의 회전변환을 이용한 태양의 적위값 계산

이 절에서 사용되는 회전변환은 축을 회전시키는 회전변환이다.

황도면과 적도면이 이루는 각은 $\varepsilon(=23.45°)$의 각을 이루고 있다. 또한 태양의 위치를 적도 좌표계로 나타내 보면

$$(R\cos\delta\cos\alpha, R\cos\delta\sin\alpha, R\sin\delta) \tag{4.14}$$

이고, 황도 좌표계로 황경 $\lambda$로 태양의 위치를 나타내어 보면

$$(R\cos\lambda, R\sin\lambda, 0) \tag{4.15}$$

이다.

이 두 좌표는 서로 같은 위치를 나타내지만, 다른 표현으로 표현된다. 이는 좌표를 일치시켜 주어 서로 비교를 할 수 있게 해 줘야 하는데 이때, 행렬 변환이 필요하다. 황도 좌표계와 적도 좌표계의 중심은 지구 중심으로 같고, 또 각각의 $x$축은 동시에 춘분점을 지난다. 황도 좌표계와 적도 좌표계는 황도좌표계를 $x$축을 중심으로 $-\varepsilon$(시계 방향으로 $\varepsilon$만큼 회전) 만큼 회전을 하면 적도좌표계와 같아진다.

이를 회전변환을 이용하여 행렬로 나타내 보면

$$\begin{pmatrix} R\cos\delta\cos\alpha \\ R\cos\delta\sin\alpha \\ R\sin\delta \end{pmatrix} = \begin{pmatrix} 1 & 0 & 0 \\ 0 & \cos\varepsilon & -\sin\varepsilon \\ 0 & \sin\varepsilon & \cos\varepsilon \end{pmatrix} \begin{pmatrix} R\cos\lambda \\ R\sin\lambda \\ 0 \end{pmatrix} \tag{4.16}$$

이다. 식 (4.16)을 정리하면

$$\begin{pmatrix} \cos\delta\cos\alpha \\ \cos\delta\sin\alpha \\ \sin\delta \end{pmatrix} = \begin{pmatrix} \cos\lambda \\ \cos\varepsilon\sin\lambda \\ \sin\varepsilon\sin\lambda \end{pmatrix} \tag{4.17}$$

이고, $z$성분을 비교해 보면,

$$\sin\delta = \sin\lambda\sin\varepsilon \tag{4.18}$$

임을 알 수 있어 식 (4.18)를 정리하면 적위 값

$$\delta = \sin^{-1}(\sin\lambda\sin\varepsilon) \tag{4.19}$$

의 공식을 유도 할 수 있다.

# 적도 좌표계에서 지평 좌표계로의 변환

지평 좌표계에서 위도와 날수에 따라 달라지는 태양의 위치를 방위각($A$)와 고도($a$)로 나타내는 것은 관측자가 바로 측정해서 나타낼 수 있지만, 태양의 위치를 고정적으로 표현 할 수 있는 적도좌표계로 나타내고 다시 지평좌표계로 변환해야 한다. '적도좌표계'는 지구의 자전축을 중심으로 한다. '적도 평면'은 지구의 적도를 포함하고 지구 중심을 통과하는 무한히 확장한 평면을 말한다. [그림 4-5]에서 처럼 적도 좌표계 시스템에서 한 점 위치는 직교 좌표계 $(x, y, z)$처럼 나타낼 수 있다.

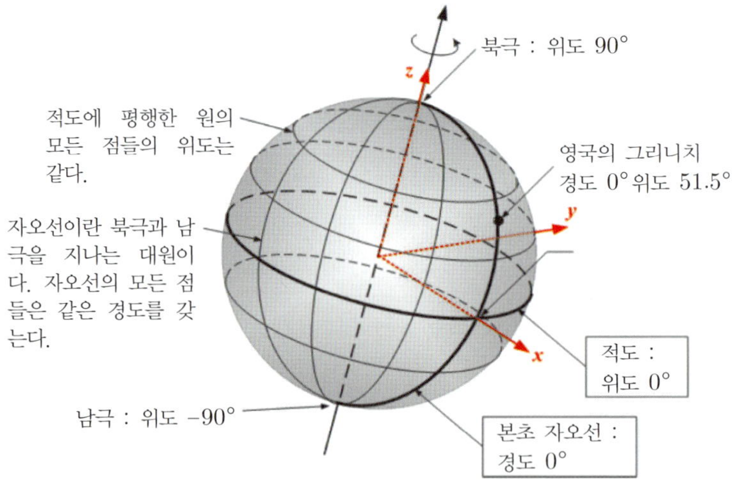


그림 4-5 경도와 위도 그리고 본초 자오선

적도의 점들은 순서쌍 형태로 갖는다. 또한 지구의 평균 반지름을 $r$이라고 하면 지구는 구 방정식 $x^2+y^2+z^2=r^2$ 이고 점 $\mathrm{P}(x,y,z)$가 구 위에 있으므로 구 방정식을 만족해야 한다. 점 P에서 경도를 $\theta$라고 하면, 이는 점 P를 지나는 자오선과 그리니치 천문대를 지나는 본초 자오선 사이의 각을 말한다. 경도는 적도면인 $xy$평면 위의 특정한 위치의 자오선의 $x$축을 시작으로 해서 동쪽으로 원 위를 시계 반대 방향으로의 측정한 값으로 양수를 갖는다. 점 P의 위도 $\phi$는 적도와 점 P를 지나는 적도 평면과 평행한 자오선으로 측정된다.

지구 반지름 $r$과 경도 $\theta$, 위도 $\phi$에 의해서 점 $\mathrm{P}(x,y,z)$의 위치는

$$\begin{pmatrix} x \\ y \\ z \end{pmatrix} = \begin{pmatrix} r\cos\phi\cos\theta \\ r\cos\phi\sin\theta \\ r\sin\phi \end{pmatrix} \tag{4.20}$$

처럼 나타낼 수 있다. [그림 4-6]

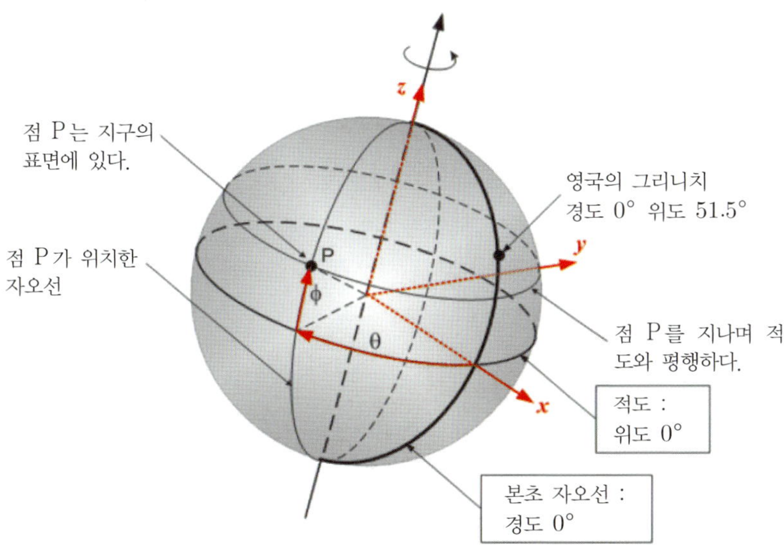


그림 4-6 위도와 경도에 의한 적도 좌표계

또 적도 좌표계를 다르게 표현하면, 시간선과 적위로 나타내는 좌표계이다. 이는 [그림 4-7]에서 처럼 시간각 $\tau$와 적위 $\delta$로 나타내는 방법이다. 경도와 위도로 나타내는 방법으로 점 P가 위치한 좌표계 $(x, y, z)$과 시간선과 적위로 나타낸 $(x', y', z')$ 사이의 관계식은

$$\begin{pmatrix} x' \\ y' \\ z' \end{pmatrix} = \begin{pmatrix} \cos\theta & \sin\theta & 0 \\ -\sin\theta & \cos\theta & 0 \\ 0 & 0 & 1 \end{pmatrix} \begin{pmatrix} x \\ y \\ z \end{pmatrix} = \begin{pmatrix} x\cos\theta + y\sin\theta \\ -x\sin\theta + y\cos\theta \\ z \end{pmatrix} \tag{4.21}$$

이다.

시간선은 태양이 점 P를 지나는 자오선을 지날 때 해시간으로 정오 12시를 나타낸다. 점 P의 자오선을 경계로 경도가 $-15°$와 $+15°$의 위치에서의 시간은 오후 1시와 오전 11시를 나타낸다. 이것을 일반화하여 보면, $\tau$를 진태양 시간각, 진태양 시간을 $t_s$이라고 하면

$$\tau = -15° \times (t_s - 12) \tag{4.22}$$

으로 나타낼 수 있다.

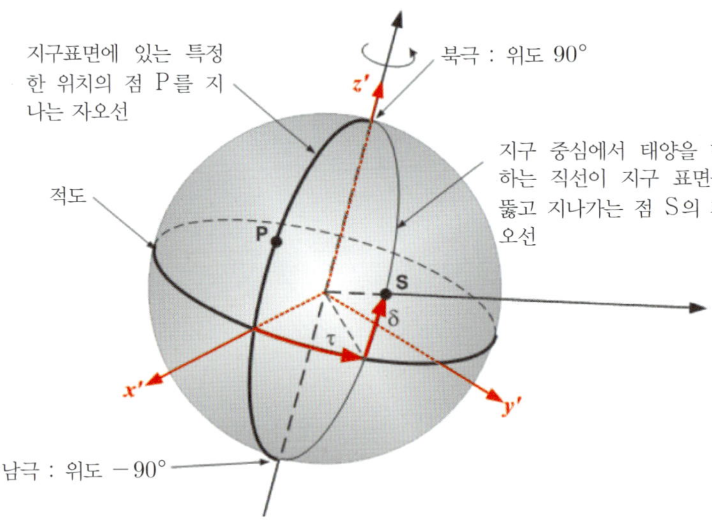


그림 4-7 시간각과 적위로 나타낸 적도좌표계

시간각 $\tau$, 적위 $\delta$, 지구중심으로부터 태양까지의 거리를 $R$이라고 하자. 시간각과 적위의 좌표계로 태양의 위치를 나타내 보면

$$\begin{pmatrix} x' \\ y' \\ z' \end{pmatrix} = R \begin{pmatrix} \cos\delta\cos\tau \\ \cos\delta\sin\tau \\ \sin\delta \end{pmatrix} \tag{4.23}$$

이다.

적위는 $\delta(N) = 23.45°\sin\left(2\pi\dfrac{N-81}{365.25}\right)$로 계산을 할 수 있다. $N$은 날짜 수로 $N=1$은 1월 1일, $N=365$는 12월 31일로 계산을 하면 되고, $N=81$은 춘분점으로 적위가 0가 되는 날이다. 날짜수와 적위를 그래프로 그려보면 [그림 4-8]과 같다. 위의 적위 값은 지구의 공전 궤도를 원으로 가정해 계산된 값이고 지구의 공전 궤도를 타원으로 계산한 적위 값은 "Astronomical Algorithms(Second Edition, Willmann-Bell, Inc., 1999.)"의 책 25장을 참조하면 된다.

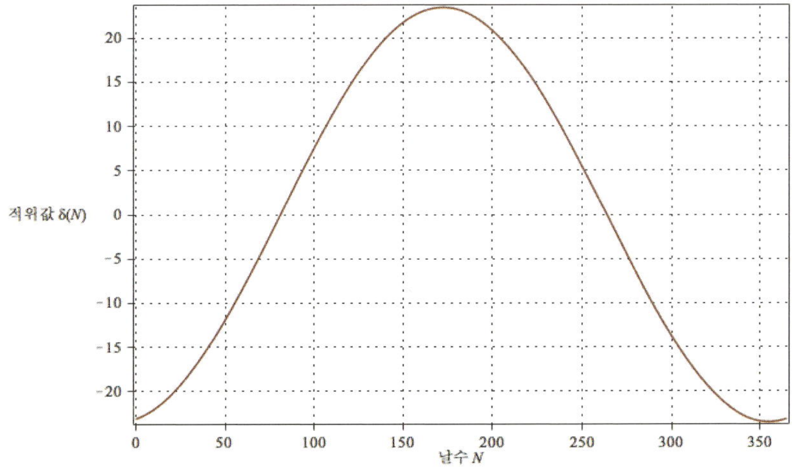


그림 4-8 날수에 대한 적위 값 그래프

[그림 4-9]에서 $x''$축과 $y''$축이 놓여 있는 평면은 점 P의 지구 접평면이고, '지평 평면horizon plane'이라고 한다. $z''$축은 점 P에서의 접평면에 수직이다. [그림 4-9]에 있는 $(x'',y'',z'')$의 좌표계는 [그림 4-7]의 $(x',y',z')$ 좌표계로부터 유도될 수 있다. $\tilde{\phi}$를 여위도colatitude라고 하면, $\tilde{\phi}= 90° - \phi$의 관계를 갖는다.

$(x',y',z')$ 좌표계와 $(x'',y'',z'')$ 좌표계의 관계식은

$$\begin{pmatrix} x'' \\ y'' \\ z'' \end{pmatrix} + r\begin{pmatrix} 0 \\ 0 \\ 1 \end{pmatrix} = \begin{pmatrix} \cos\tilde{\phi} & 0 & -\sin\tilde{\phi} \\ 0 & 1 & 0 \\ \sin\tilde{\phi} & 0 & \cos\tilde{\phi} \end{pmatrix}\begin{pmatrix} x' \\ y' \\ z' \end{pmatrix} = \begin{pmatrix} \sin\phi & 0 & -\cos\phi \\ 0 & 1 & 0 \\ \cos\phi & 0 & \sin\phi \end{pmatrix}\begin{pmatrix} x' \\ y' \\ z' \end{pmatrix} \tag{4.24}$$

$$\begin{pmatrix} x'' \\ y'' \\ z'' \end{pmatrix} = \begin{pmatrix} x'\sin\phi - z'\cos\phi \\ y' \\ x'\cos\phi + z'\sin\phi \end{pmatrix} - r\begin{pmatrix} 0 \\ 0 \\ 1 \end{pmatrix} \tag{4.25}$$

(단, $r$는 지구 반지름)

와 같다.

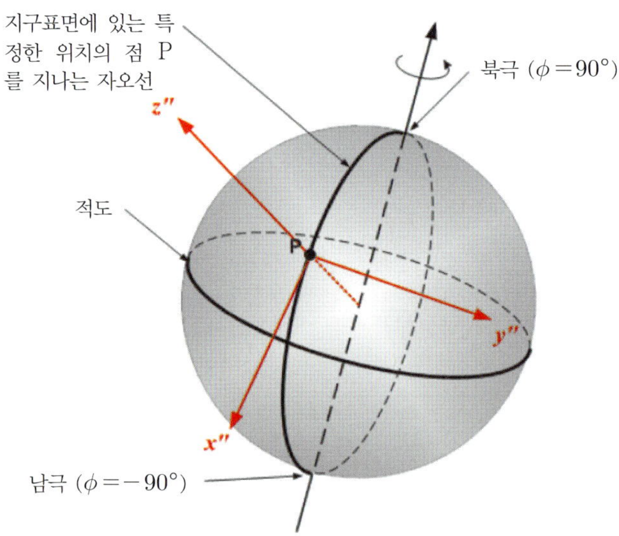


그림 4-9 지평좌표계

# 방위각과 고도에 따른 태양의 위치

천체의 위치를 지평 좌표계에서 나타낼 때는, 방위각(Azimuth angle, $A$), 를 고도(altitude angle, 고도각, $a$)로 표시하면 된다. [그림 4-10]에서는 지평 좌표계의 극 좌표계로 태양의 위치를 나타내어 보면 식 (4.26)과 같다.(단, $R$은 점 P (원점)로부터 태양까지의 거리)

$$\begin{pmatrix} x'' \\ y'' \\ z'' \end{pmatrix} = R \begin{pmatrix} \cos a \cos A \\ \cos a \sin A \\ \sin a \end{pmatrix} \tag{4.26}$$

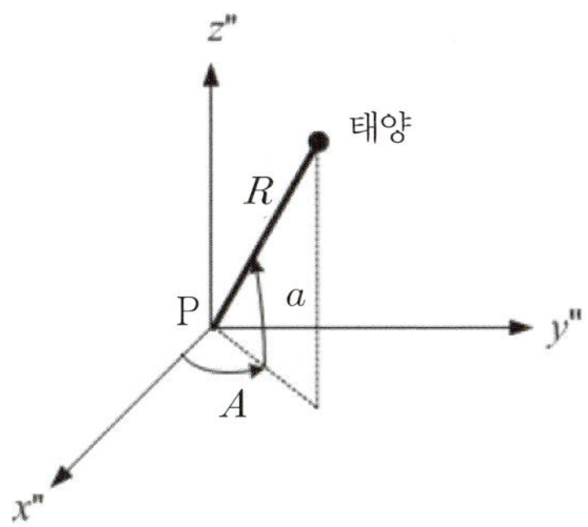


그림 4-10 태양의 위치를 방위각과 고도로 표현

이제 방위각 $A$와 고도 $a$를 위도 $\phi$, 진태양시 시간각 $\tau$, 태양의 적위 $\delta$로 삼각함수를 써서 나타내어 보자. 지구와 태양 사이의 거리를 $R$(약 1,495,977,870km), 지구 반지름을 $r$(약 6,378.1km)이라고 하자. 그러

면 적도 좌표계와 지평 좌표계의 관계식, 식 (4.25)와 식 (4.26)에 의해서

$$\begin{pmatrix} x'' \\ y'' \\ z'' \end{pmatrix} = R\begin{pmatrix} \cos a \cos A \\ \cos a \sin A \\ \sin a \end{pmatrix} = \begin{pmatrix} x'\sin\phi - z'\cos\phi \\ y' \\ x'\cos\phi + z'\sin\phi \end{pmatrix} - r\begin{pmatrix} 0 \\ 0 \\ 1 \end{pmatrix} \tag{4.27}$$

이다. 그리고 태양의 위치를 적도 좌표계에서 시간각과 적위로 나타내어 보면

$$\begin{pmatrix} x' \\ y' \\ z' \end{pmatrix} = R\begin{pmatrix} \cos\delta\cos\tau \\ \cos\delta\sin\tau \\ \sin\delta \end{pmatrix} \tag{4.28}$$

이다. 식 (4.28)을 식 (4.27)에 대입하면

$$R\begin{pmatrix} \cos a \cos A \\ \cos a \sin A \\ \sin a \end{pmatrix} = R\begin{pmatrix} \cos\delta\cos\tau\sin\phi - \sin\delta\cos\phi \\ \cos\delta\sin\tau \\ \cos\delta\cos\tau\cos\phi + \sin\delta\sin\phi \end{pmatrix} - r\begin{pmatrix} 0 \\ 0 \\ 1 \end{pmatrix} \tag{4.29}$$

을 얻는다.

식 (4.29)에서 $x$ 성분과 $y$ 성분을 비교하여 보면,

$$\cos a \cos A = \cos\delta\cos\tau\sin\phi - \sin\delta\cos\phi \tag{4.30}$$

$$\cos a \sin A = \cos\delta\sin\tau \tag{4.31}$$

이다. 식 (4.31)을 식 (4.30)으로 각 변끼리 나누고 이를 정리하면,

$$\tan A = \frac{\sin\tau}{\cos\tau\sin\phi - \tan\delta\cos\phi} \tag{4.32}$$

의 식을 얻는다. 또한 $z$성분을 비교하여 보면,

$$\sin a = \cos\delta\cos\tau\cos\phi + \sin\delta\sin\phi - \frac{r}{R} \tag{4.33}$$

이다. 그런데 $\frac{r}{R} \approx 0.00004$ 로 매우 작은 수이어서 0으로 간주하여 식 (4.33)의 근삿값으로

$$\sin a = \cos\delta\cos\tau\cos\phi + \sin\delta\sin\phi - \frac{r}{R}$$

$$\approx \cos\delta\cos\tau\cos\phi + \sin\delta\sin\phi$$

$$\sin a = \cos\delta\cos\tau\cos\phi + \sin\delta\sin\phi \tag{4.44}$$

이다. 따라서 방위각과 고도는 식 (4.32)와 식(4.44)에서

$$A = \tan^{-1}\left(\frac{\sin\tau}{\cos\tau\sin\phi - \tan\delta\cos\phi}\right) \tag{4.45}$$

$$a = \sin^{-1}(\cos\delta\cos\tau\cos\phi + \sin\delta\sin\phi) \tag{4.46}$$

를 얻을 수 있다.

# 태양의 방위각과 고도 그래프

위도에 따른 방위각과 고도의 그래프를 그리려면 탄젠트로 표현된 방위각 표현은 분모가 0이 되는 부분에서 평행이동을 시켜야 해서 그래프를 얻기 쉬운 고도에 따른 코사인으로 표현된 방위각으로 표현을 하여 그래프를 그리려고 한다. 고도는 식 (4.46)과 같이 표현을 하고, 방위각은 (4.30)에서 $\cos a$로 나누어서

$$\cos A = \frac{\cos\delta\cos\tau\sin\phi - \sin\delta\cos\phi}{\cos a} \tag{4.47}$$

으로 나타내고 양변에 코사인 역함수를 취하여

$$A = \cos^{-1}\left(\frac{\cos\delta\cos\tau\sin\phi - \sin\delta\cos\phi}{\cos a}\right) \text{(단, } A \ge 0\text{)} \tag{4.48}$$

와 같이 나타내어 그래프를 그린다. 코사인은 우함수이기 때문에 시간각 $\tau < 0$ 이면 방위각이 $-A$ 이고, 시간각 $\tau \ge 0$ 이면 방위각은 $A$이다. 방위각과 고도의 관계를 그래프로 나타내어 보면 [그림 4-11]과 같다.

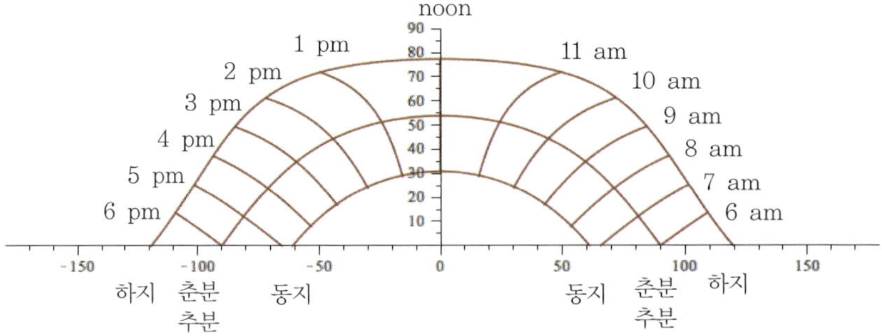


그림 4-11 대전둔원고등학교($\phi = 36.34°$)에서의 태양의 방위각과 고도 그래프

# 태양의 일출 일몰 방정식

태양의 고도 식 (4.46)에서 태양이 일출과 일몰일 때 고도는 '0'이다. 따라서 $a=0$을 대입하여 식 (4.46)에 대입하여 정리하면,

$$\cos\tau = -\tan\delta\tan\phi \tag{4.49}$$

이고 이를 시간각 $\tau$에 대하여 풀면, $\tau = -\cos^{-1}(-\tan\delta\tan\phi)°\,(\tau<0)$의 시간에서 떠서 $\tau = \cos^{-1}(-\tan\delta\tan\phi)°\,(\tau \geq 0)$의 시간에 진다. 식 (4.49)을 '태양의 일출 일몰 방정식'이라고 한다.

북극이 가까운 곳 즉, 위도 65.5° 이상을 갖는 곳에서는 특별한 경우로 태양이 뜨지 않거나 지지 않는 경우가 발생하게 된다. (백야와 흑야) 즉, 고도 $a$가 시간 $\tau$ 에 대하여 항상 양수이거나 항상 음수일 때를 말한다.

첫 번째로 고도 $a$가 시간 $\tau$ 에 대하여 항상 양수일 때,

$$\sin a = \cos\delta\cos\phi\cos\tau + \sin\delta\sin\phi \geq 0$$

이고, 이를 정리하면,

$$\cos\delta\cos\phi(\cos\tau + \tan\delta\tan\phi) \geq 0 \tag{4.50}$$

이고, 또한 $\delta$와 $\phi$의 정의역 범위가 $-\frac{\pi}{2}$에서 $\frac{\pi}{2}$이고, $\cos\delta \geq 0$, $\cos\phi \geq 0$ 이어서 식 (4.50)에서

$$\cos\tau + \tan\delta\tan\phi \geq 0 \tag{4.51}$$

을 얻을 수 있다. 그리고 $\cos\tau \geq -\tan\delta\tan\phi$를 만족하는 진태양 시간 $\tau$에서 태양이 지평선 위에 떠있게 된다. 하루 24시간에 대하여 항상 성립하려면, $\cos\tau = -1$ 일 때 식 (4.51)이 성립해야 한다. 그러므로

$$-1 + \tan\delta\tan\phi \geq 0$$

$$\tan\delta\tan\phi \geq 1 \tag{4.52}$$

이다. 따라서 $\tan\delta\tan\phi \geq 1$ 일 때는 태양이 지지 않는다. 극에 가까운 지방에서 경험할 수 있는 백야를 볼 수 있을 것이다.

두 번째로 고도 $a$가 시간각 $\tau$에 대하여 항상 음수일 때,

$$\sin a = \cos\delta\cos\phi\cos\tau + \sin\delta\sin\phi \leq 0$$

이다. 이를 정리하면,

$$\cos\delta\cos\phi(\cos\tau + \tan\delta\tan\phi) \leq 0 \tag{4.53}$$

또한 $\delta$와 $\phi$의 정의역 범위가 $-\frac{\pi}{2}$에서 $\frac{\pi}{2}$이고, $\cos\delta \geq 0$, $\cos\phi \geq 0$ 이어서 식 (4.53)에서

$$\cos\tau + \tan\delta\tan\phi \leq 0 \tag{4.54}$$

을 얻을 수 있다. 하루 24시간에 대하여 항상 성립하려면, $\cos\tau = 1$ 일 때 식 (4.54)가 성립하여야 한다. 그러므로

$$1 + \tan\delta\tan\phi \leq 0$$

$$\tan\delta\tan\phi \leq -1 \tag{4.55}$$

이다. 따라서 식 (4.55) $\tan\delta\tan\phi \leq -1$ 일 때는 태양은 뜨지 않고, 항상 지평선 아래에 있게 된다. 즉, 흑야를 볼 수 있다. 북반구에서는 북극권(북위 66.33° 이상 지역), 남반구에서는 남극권(남위 66.33° 이상 지역)이라고 한다.

# Chapter 5

# 적도 해시계

# 적도 해시계 구조

해시계의 시초는 지평면 해시계일 것으로 추측 할 수 있다. 지평면에 노몬을 수직으로 세우고 태양에 의해서 만들어지는 그림자를 통해 시간을 측정했을 것으로 생각된다. 그러나 지평면 해시계에서는 노몬의 그림자가 너무 복잡하게 움직이므로 시간을 효과적으로 측정하기 어려웠다. 그 결과 노몬을 지평면으로 부터 관측자의 위도만큼 북쪽 방향으로 기울이고 시반면을 노몬에 수직이 되게 하여 그림자를 측정하면 노몬 그림자의 움직임이 원으로 되어 매우 단순해지는 것을 발견하였다. 과거 이집트인들도 노몬을 위도만큼 기울여 해시계를 만들었다는 기록과 유물이 남아 있다. 해시계의 이론 전개는 해시계의 탄생을 역사적으로 이해하기 보다는 수학적 이론 전개가 쉽고 편리한 적도 해시계부터 시작을 하려고 한다.

그림 5-1 적도 해시계 (장영실 동산, 부산)

적도 해시계는 노몬이 지구 자전축과 평행하고, 시반면이 적도와 평행한 해시계로, 태양이 지구 주위를 원 운동하는 것처럼 관측이 되어 시반면에 생기는 노몬 그림자가 원 운동을 하게 된다. 태양이 계절에 따라 고도가 달라지므로 태양의 고도가 가장 낮은 날인 동지 때에 적도 해시계의 노몬이 시반면 아래에도 필요하게 된다. 그래서 적도 해시계의 시반면에는 앞면과 뒷면에 모두 시간을 표시를 해야한다. 적도 해시계는 태양이 24시간 동안 1회전한다고 하고 태양이 1시간에 15° 씩 움직인다고 가정 한다. 실제로는 지구가 자전을 하면서 공전을 하기 때문에 오는 균시차에 의한 약간의 오차가 발생한다.

북극에서 해시계 지침인 노몬을 자전축과 평행하게 꽂고 그 그림자를 살펴보면, 태양 빛이 노몬 끝을 지나 지구 자전축과 수직인 시반면과의 교점과 연결한 선분이 지구 자전축으로 회전을 하면서 원뿔이 생기게 된다. 즉, 태양에 의해서 생기는 원뿔이 지구의 적도와 평행한 평면으로 자른 모양이 될 것이다. 커다란 해시계는 [그림 5-2]처럼 지구의 모양을 떠올리게 될 것이다. 지구의 자전축은 지구 공전 궤도면에 수직인 방향에 대해 약 23.45°만큼 기울어져 있다. 지구가 자전축을 중심으로 회전을 하듯 지구의 극에 수직으로 서있는 막대기의 그림자는 적도에 평행한 지구의 평면에 원을 그리게 된다. 이때 해시계의 시간 원판은 적도와 평행하고, 원을 24시간으로 나누어 1시간 간격으로 나타내 보면, 원 주위를 도는 그림자의 위치는 시간을 의미하게 된다.

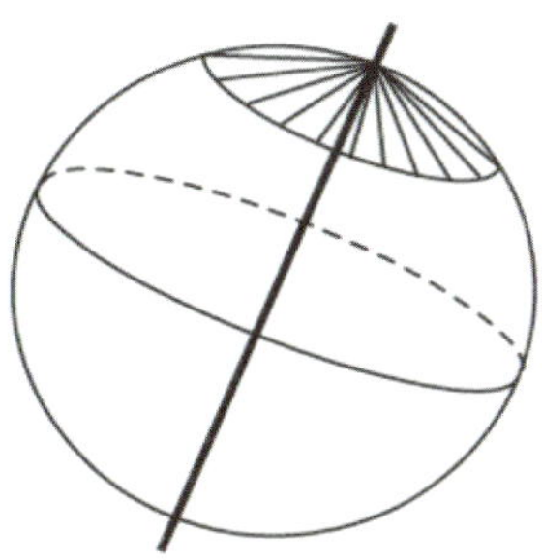


그림 5-2 북극에서의 커다란 해시계

위도 $\phi$에서의 적도 해시계는 어떠한 구조를 갖게 될까? 북반구의 노몬은 북극 방향(North pole)으로 향하고 있고, 남반구의 노몬은 천구의 남극(celestial pole)으로 향하고 있다. [그림 5-3]에서 점 P는 북반구에서 위도 $\phi$를 갖는 지역에서의 적도 해시계의 노몬과 시반면이다. 노몬은 지면으로부터 각이 위도 $\phi$와 같고 시반면은 노몬과 수직이다. [그림

5-4]는 적도 해시계의 구조이다. [그림 5-5]는 적도 해시계의 옆면을 나타낸 것이다. 시반면의 시간선은 15° 간격으로 이루어져 있고, 북쪽 방향이 정오이다. 하지(6월 21일경)때는 태양의 위차가 노몬의 연장한 직선에 오기 때문에 그림자가 없고, 춘분(3월 21일 경)에서 추분(9월 23일 경)의 태양은 시반면 위에 있고, 추분(9월 23일 경)에서 춘분(3월 21일 경)까지는 태양이 시반면 아래에 오기 때문에 적도 해시계의 시간은 시반면 양쪽 면에 시간을 기록해야 한다. 또한, 시반면의 시간선은 태양이 1시간에 15°씩 움직이기 때문에 15°의 간격으로 직선을 표현하면 된다. 태양이 동쪽에서 뜨기 때문에 서쪽에 있는 시간선들이 오전의 시간을 나타내고 동쪽에 있는 시간선들은 오후의 시간을 나타낸다. 정오 때에는 해의 고도가 가장 높이 있을 때를 기준으로 해 시간을 측정한다.

표 5-1 적도 해시계의 노몬 그림자 시간각

| 시간 | 해시간 | 시간각 |
|---|---|---|
| 오전 6시 | 6시 | 90° |
| 오전 7시 | 7시 | 75° |
| 오전 8시 | 8시 | 60° |
| 오전 9시 | 9시 | 45° |
| 오전 10시 | 10시 | 30° |
| 오전 11시 | 11시 | 15° |
| 정오 | 12 | 0 |
| 오후 1시 | 13시 | -15° |
| 오후 2시 | 14시 | -30° |
| 오호 3시 | 15시 | -45° |
| 오후 4시 | 16시 | -60° |
| 오후 5시 | 17시 | -75° |
| 오후 6시 | 18시 | -90° |

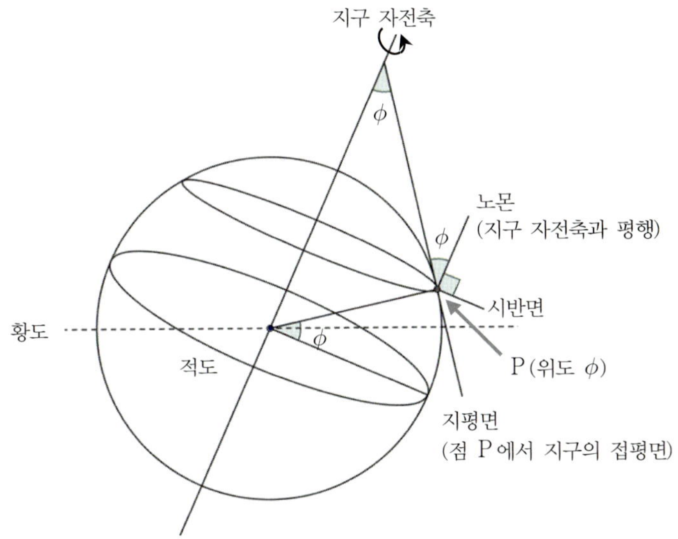


그림 5-3 적도 해시계의 노몬과 시반면

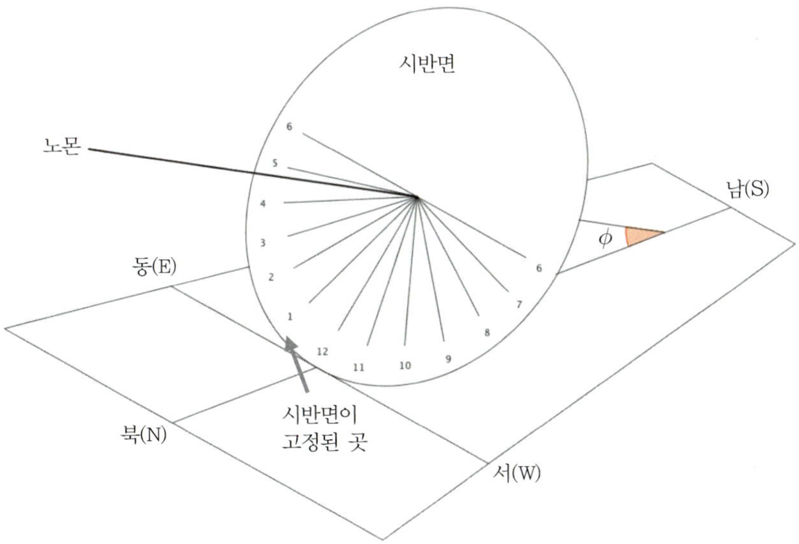


그림 5-4 북반구의 적도 해시계 구조

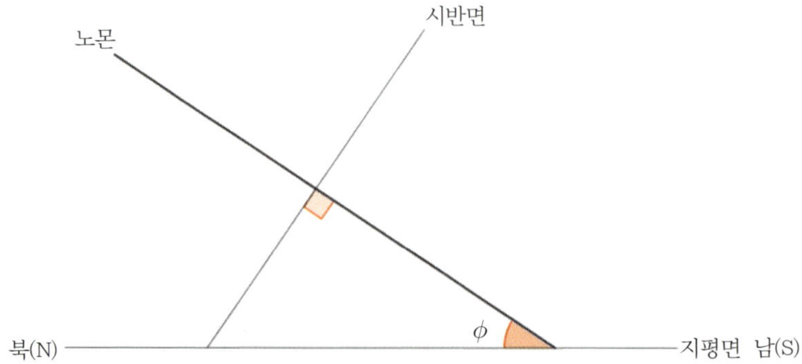


그림 5-5 북반구의 적도 해시계 옆면 구조

# 왜 적도 해시계의 노몬 그림자 궤적이 원일까?

시반면은 적도와 평행하고, 태양은 시반면과 지구자전축을 중심으로 회전 하므로 태양은 적도 평면과 평행하게 원을 그리며 움직인다. 그러므로 시반면이 적도와 평행하고, 노몬은 시반면에 수직이며 지구 자전축과 평행하게 자전축 북쪽 방향으로 향하고 있다. 이때 태양 빛은 노몬의 끝을 통과하여 시반면에 그림자를 드리운다. 태양은 적도와 평행하게 지구자전축을 중심으로 시반면과 평행하게 원을 그리면서 움직이는 것처럼 보인다. 지구가 자전을 하지 않는다고 하면 태양이 시반면과도 평행하게 원을 그리면서 움직이므로 태양빛이 노몬의 끝을 지나는 원뿔의 모선을 따라서 시반면과 만나게 된다. 그러므로 태양이 1바퀴 회전을 하면 태양 빛은 적도 평면을 밑면으로 하는 원뿔의 궤적을 갖게 되고, 그 원뿔을 적도 평면과 평행한 시반면으로 자르면 원의 궤적이 된다

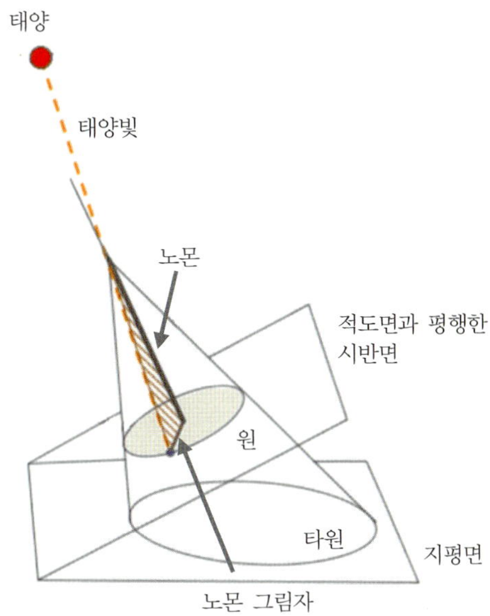


그림 5-6 적도 해시계와 원뿔 곡선

# 적도 해시계의 삼각함수를 이용한 분석

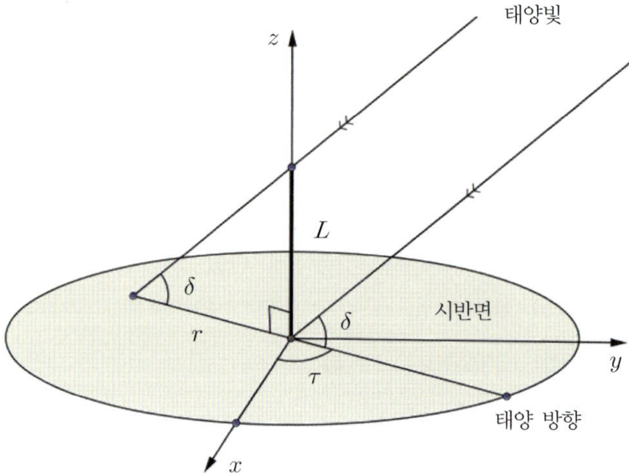


그림 5-7 적도 해시계의 삼각함수를 이용한 분석

시간선이 변하여도 노몬의 끝을 통과하는 태양 빛의 하루 동안 태양의 적위값 $\delta$는 일정하다. 적위 $\delta$는 날수 $N$에 관한 함수이다. 즉, 적위는 $\delta(N)$으로 나타낼 수 있는데 편의상 $\delta$로 나타내기로 하자. 시반면에 수직인 노몬의 길이가 $L(>0)$이고, 노몬의 그림자의 길이를 $r(>0)$이라고 하자. 태양의 적위값은 날자 수에 의해 변하는데 추분을 지나 동지, 그리고 춘분까지는 태양이 적도면 아래에 위치해 적위값이 음수 값을 갖는다. 그러므로

$$|\tan\delta| = \frac{L}{r}$$

이 성립한다. 노몬의 그림자 길이는

$$r = \frac{L}{|\tan\delta|} \tag{5.1}$$

로 항상 일정하다. 그러므로 노몬의 그림자의 궤적은 원이 되고, 이 원은 계절선이 된다. 그러므로 반지름 $r$은 적위값에 따라 달라진다.

**표 5-2** 날수와 태양 적위 그리고 노몬 그림자 길이

| 계절 | 날짜 수(N) | 적위 $\delta(N)$ | 노몬 그림자 길이 $r$ |
|---|---|---|---|
| 춘/추분 | 81(235) | 0° | 정의되지 않음 |
| 하지/동지 | 172(355) | 23.45° | $\frac{L}{2.31}$ |

이 적위값으로 계절선을 그릴 수 있다. 노몬의 길이를 $L$로 계산을 하면 위의 표와 같다.

노몬의 그림자는 춘분을 지나 하지와 추분까지 시반면 위에 생기고, 추분을 지나 동지와 춘분까지는 시반면의 아래에 그림자가 생긴다. 춘분과 추분에서는 태양이 시반면과 같은 위치에 있기 때문에 즉, 적위 $\delta$가 0° 이 되어 식 (5.1)에서 계절선의 반지름이 무한대 값이라 계전선 표시를 할 수가 없다.

이를 날수에 대한 적위를 계산하여 노몬의 그림자 길이를 계산해 보면 [표 5-3]와 같다. 노몬의 길이를 1m로 계산한 것이다.

표 5-3 적위값과 노몬 그림자의 길이

| 날짜 | 날수(N) | 적위 δ (N) (단위 ° ) | 노몬 그림자 길이 r (단위 m) |
|---|---|---|---|
| 1월1일 | 1 | −23.00 | 2.36 |
| 2월1일 | 32 | −17.50 | 3.17 |
| 3월1일 | 60 | −8.28 | 6.87 |
| 3월22일(춘분) | 81 | 0.00 | ∞ |
| 4월1일 | 91 | 4.01 | 14.26 |
| 5월1일 | 121 | 14.89 | 3.76 |
| 6월1일 | 152 | 22.03 | 2.47 |
| 6월22일(하지) | 172 | 23.45 | 2.31 |
| 7월1일 | 182 | 23.13 | 2.34 |
| 8월1일 | 213 | 17.95 | 3.09 |
| 9월1일 | 244 | 7.80 | 7.31 |
| 9월22일(추분) | 265 | 0.00 | ∞ |
| 10월1일 | 274 | −4.12 | 13.88 |
| 11월1일 | 305 | −15.28 | 3.66 |
| 12월1일 | 335 | −22.07 | 2.47 |
| 12월22일(동지) | 355 | −23.45 | 2.31 |
| 12월31일 | 365 | −23.11 | 2.34 |

시반면의 길이를 2.5m로 하였을 때, 계절선을 표시할 수 있는 날짜는 1월 1일, 6월 1일, 하지, 7월 1일, 12월 1일, 동지, 12월 31일로 하지와 동지에 가까운 날짜만 표현 할 수 있다. 따라서 적도 해시계에서는 계절선의 표현은 의미를 찾을 수가 없다는 것을 알 수 있다.

# 적도 해시계의 벡터 방정식을 이용한 분석

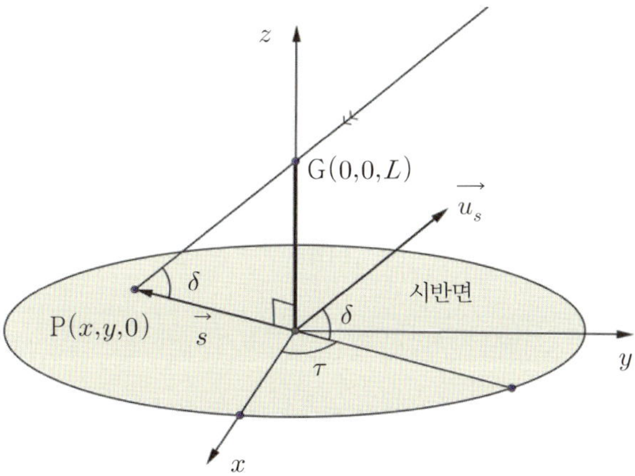


그림 5-8 적도 해시계를 벡터 방정식을 이용한 분석

12시 방향인 지구 자전축 남쪽 방향을 $x$좌표로 한 적도 좌표계에서 태양의 단위방향벡터는 $\overrightarrow{u_s}=(\cos\delta\cos\tau, \cos\delta\sin\tau, \sin\delta)$이고, 노몬점은 $\mathrm{G}(0,0,L)$이며 $\vec{g}=\overrightarrow{\mathrm{OG}}$라 할 때, 노몬의 끝 점 $\mathrm{G}(0,0,L)$를 지나는 직선은

$$\vec{s}=\vec{g}+\lambda\overrightarrow{u_s} \ (\lambda\text{는 상수}) \tag{5.2}$$

이다. 이 태양 빛(직선)이 $xy$평면(시반면)과 만나는 점을 $\mathrm{P}(x,y,0)$이라고 하자. 그러면 $\overrightarrow{\mathrm{OP}}=\vec{p}$는 $z$축의 단위방향벡터 $\overrightarrow{e_z}=(0,0,1)$은 수직이

어서 내적이 0으로 $\vec{p} \cdot \vec{e_z} = 0$ 이다. 이에 대하여 풀면,

$$\vec{g} \cdot \vec{e_z} + \lambda \vec{u_s} \cdot \vec{e_z} = 0 \tag{5.3}$$

이고, 식(5.3)을 $\lambda$에 대하여 정리하면,

$$\lambda = -\frac{\vec{g} \cdot \vec{e_z}}{\vec{u_s} \cdot \vec{e_z}} = -\frac{L}{\sin\delta} \tag{5.4}$$

이다. 그러므로 식 (5.4)를 식 (5.2)에 대입하여 점 P 의 $x$성분와 $y$성분을 계산하면,

$$x = \lambda\cos\delta\cos\tau = -L\frac{\cos\delta}{\sin\delta}\cos\tau = -L\cot\delta\cos\tau \tag{5.5}$$

$$y = \lambda\cos\delta\sin\tau = -L\frac{\cos\delta}{\sin\delta}\sin\tau = -L\cot\delta\sin\tau \tag{5.6}$$

이다. 식 (5.5)와 식(5.6)에 대하여 $x^2 + y^2$을 하여 보면,

$$\begin{aligned} x^2 + y^2 &= (-L\cot\delta\cos\tau)^2 + (-L\cot\delta\sin\tau)^2 \\ &= L^2\cot^2\delta = r^2 \end{aligned} \tag{5.7}$$

로 반지름이 $r = L|\cot\delta|$ 인 원의 방정식을 유도할 수가 있다.

$\delta$가 상수이므로 반지름이 $r = L|\cot\delta|$ 로 일정하여 노몬의 그림자의 궤적은 식 (5.7)은 원의 방정식이다. 즉, $\delta$에 의해서 계산되는 반지름 $r$인 원은 계절선이 된다.

# 적도 해시계의 시간 측정

대전둔원고등학교(위도 36.34°)에서 적도 해시계를 만들어 시간을 측정해 보았다. [그림 5-9] 동지 때는 태양의 고도가 낮아 시반면 아래에서 시간을 측정 할 수 있고, 하지 때는 태양의 고도가 높아 시반면 위에서 시간을 측정 하여야 한다. [그림 5-10]은 동지 때와 하지 때의 시간 측정 모습이다.

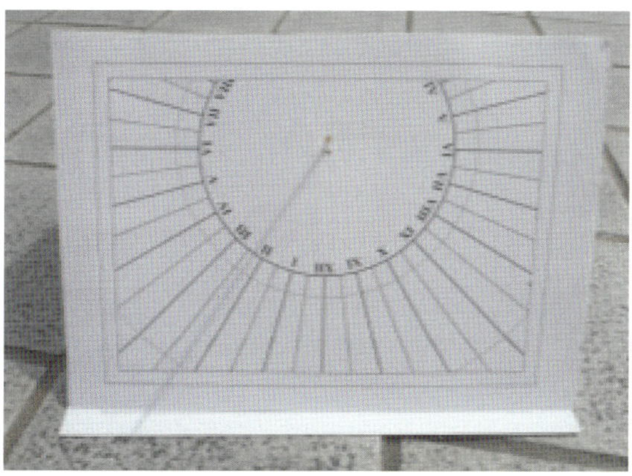

그림 5-9 적도 해시계 측정

동지 오전 11시 하지 오후 1시

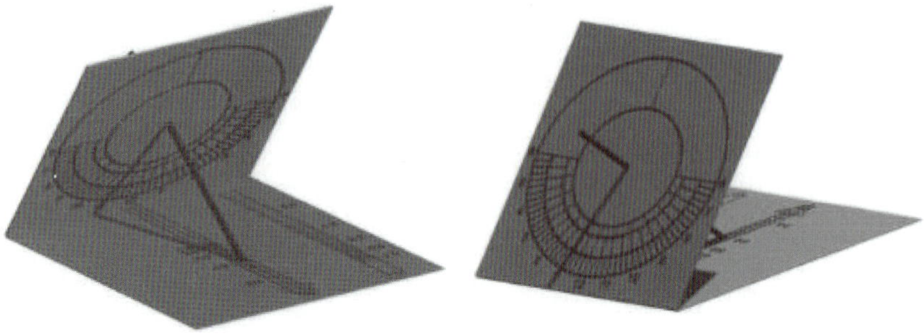

그림 5-10 동지와 하지 때의 시반면에 나타난 그림자

Chapter 6

# 수평 해시계

# 수평 해시계의 노몬 그림자 움직임

지표면에 서있는 관측자가 1년간의 태양의 위치를 관측하면, 태양은 [그림 6-1]과 같이 관측될 것이다. 태양의 고도가 가장 높았을 때를 정오(12시)로 정의 하였다. 관측자와 남북방향을 지나며 지평면과 수직인 평면을 정오 평면이라고 가정하자. 태양이 정오 평면을 지날 때가 태양의 고도가 가장 높고 그 때가 정오(12시)가 된다.

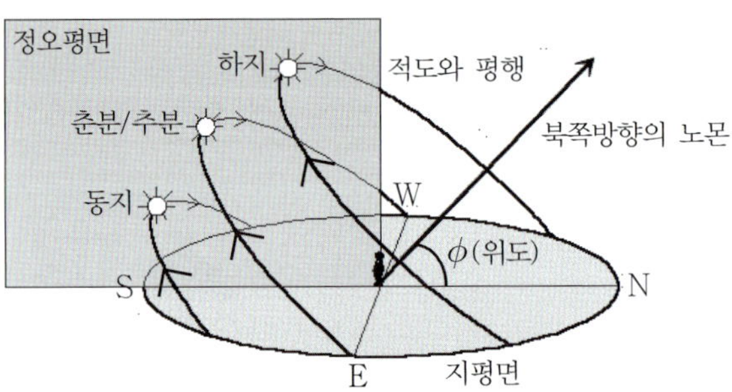


그림 6-1 태양과 정오평면

춘분과 추분에 태양은 정 동쪽에서 떠서 정 서쪽으로 진다. 정오 12시를 기준으로 관측자를 중심으로 하고 적도 평면과 평행한 태양의 황도를 따라 15°씩 적도에 수직이 되게 시간선을 만들고 동지와 하지의 태양의 궤도까지 시간선을 연장하여 그러면 [그림 6-2]와 같이 나타낼 수 있다.

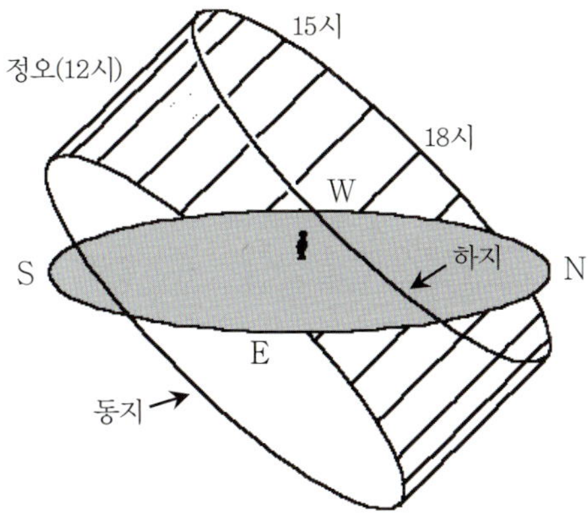


그림 6-2 동지와 하지의 시간선

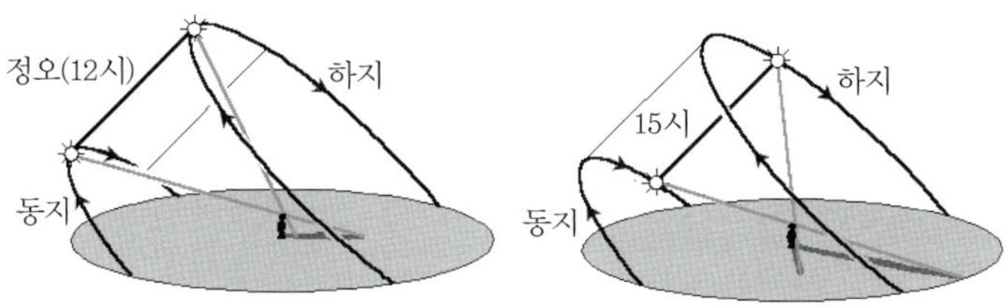


그림 6-3 동지와 하지 때의 정오(12시)와 15시에서의 노몬 그림자의 방향

태양에 의해서 생기는 지평면에 수직인 노몬 그림자의 위치로 시간을 측정을 할 수 있을까? 이것만을 이용해 시간을 정확하게 측정하기는 매우 어렵다. [그림 6-3]을 보자. 태양이 동지점과 하지점에 위치할 때 정오(낮12시)에는 지평면에 수직인 노몬의 그림자 길이는 다르지만 방향은 동일한 북쪽 방향하게 된다. 그러나 15시에는 지평면에 수직인 노몬의 그림자의 길이와 방향이 모두 다르다. 즉, 태양이 동지와 하지에 위치할 때 정의(낮12시)를 제외한고는 모든 시각에 지평면에 수직으로 세운 같은 노몬의 그림자의 길이와 방향이 일정하기 않아 해시계의 시간측정이 매우 어렵다는 것을 알 수 있다. 그림자의 궤적을 알지 못하면 측정이 불가능하다. 그림자의 궤적이 쌍곡선을 그리는데 이것을 어떻게 쉽게 그리

고 측정을 하겠는가!

그럼 이러한 어려움을 해결할 방법을 없을까? 태양의 고도의 변화와 상관없이 지표면에 노몬의 그림자를 일정한 방향을 갖게 할 수 있는 방안은 없을까? 우리는 이런 문제의 해결하면 노몬 그림자의 길이는 달라져도 방향은 같게 하여 시간을 측정할 수 있다. 이를 해결할 방법으로 적도 해시계에서 찾을 수 있다. 적도 해시계에서 노몬의 그림자의 길이는 달라져도 방향은 날짜와 상관없이 동일한 방향을 가리키게 된다. 따라서 노몬의 그림자가 태양의 고도에 관계없이 일정한 방향을 향하게 하려면, 적도 해시계의 노몬이 적도 평면과 수직이라는 점을 이용해 관측자가 위치한 지역(위도 $= \phi$)에서 노몬을 지면으로부터 북쪽 방향으로 위도 $\phi$ 만큼 기울이면 된다. [그림 6-4]

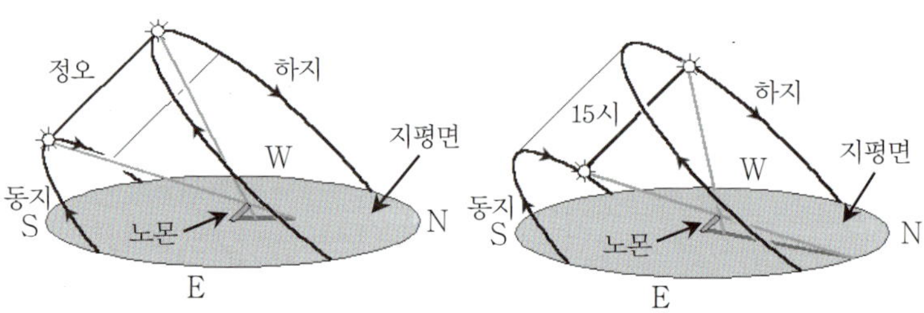


그림 6-4 노몬이 위도 $\phi$만큼 기울어져 있는 경우

# 북쪽 방향으로 위도만큼 기울어진 노몬 그림자 위치 분석

노몬은 지표면에서 북쪽 방향으로 위도($\phi$) 만큼 기울어져 있다. 태양의 고도에 관계 없이 노몬의 그림자가 일정함을 벡터 방정식을 이용하여 분석해 보자.

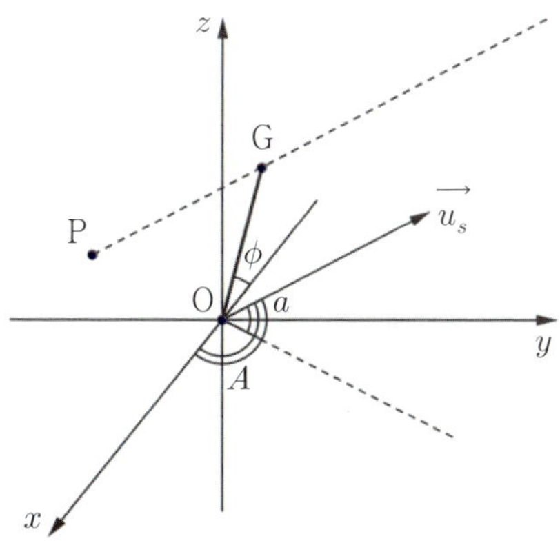


그림 6-5 노몬 그림자 일정함 증명

노몬의 길이를 $L$이라고 하고 북쪽 방향으로 위도 $\phi$ 만큼 지면에서 기울어져 있다고 하자. 그러면 노몬 벡터 $\vec{g}$는

$$\vec{g} = (-L\cos\phi, 0, L\sin\phi) \tag{6.1}$$

이고, 태양의 단위방향벡터 $\overrightarrow{u_s}$는

$$\overrightarrow{u_s} = (\cos a \cos A, \cos a \sin A, \sin a) \tag{6.2}$$

이다.

태양의 노몬 벡터 $\vec{g}$를 지나고 방향벡터 $\overrightarrow{u_s}$에 평행한 태양 빛 벡터 $\vec{s}$는

$$\vec{s} = \vec{g} + \lambda \overrightarrow{u_s} \tag{6.3}$$

이고, 지평면 방정식인 $xy$ 평면과의 교점을 점 P 라고 하자. 그러면, $\vec{s}$와 $z$ 축 단위벡터인 $e_z = (0, 0, 1)$과 수직일 때, $\vec{p}(= \overrightarrow{\mathrm{OP}} = \vec{s})$ 가 되어 $\vec{p} \cdot \overrightarrow{e_z} = 0$가 된다.

$$\vec{p} \cdot \overrightarrow{e_z} = \vec{g} \cdot \overrightarrow{e_z} + \lambda \overrightarrow{u_s} \cdot \overrightarrow{e_z} \tag{6.4}$$

$$\vec{g} \cdot \overrightarrow{e_x} + \lambda \overrightarrow{u_s} \cdot \overrightarrow{e_z} = 0 \tag{6.5}$$

이다. 식 (6.5)를 $\lambda$에 대하여 풀면,

$$\lambda = -\frac{\vec{g} \cdot \overrightarrow{e_z}}{\overrightarrow{u_s} \cdot \overrightarrow{e_z}} = -\frac{L\sin\phi}{\sin a} \tag{6.6}$$

이고, 식 (6.6)을 식 (6.3)에 대입하면 $\vec{p} = \vec{s}$가 된다. 따라서

$$\begin{aligned}\vec{p} &= \vec{g} + \lambda \overrightarrow{u_s} = \vec{g} - \frac{L\sin\phi}{\sin a}\overrightarrow{u_s} \\ &= (-L\cos\phi, 0, L\sin\phi) \\ &\quad - \frac{L\sin\phi}{\sin a}(\cos a \cos A, \cos a \sin A, \sin a) \\ &= (-L\cos\phi - L\cot a \cos A \sin\phi, -L\cot a \sin A \sin\phi, 0)\end{aligned} \tag{6.7}$$

이다. 식 (6.7)에 의해서 점 P 의 좌표는

$$\mathrm{P}(-L\cos\phi - L\cot a\cos A\sin\phi, -L\cot a\sin A\sin\phi, 0) \tag{6.8}$$

이다. 그러므로 점 $\mathrm{P}(x, y, 0)$라 하면,

$$\begin{cases} x = -L\cos\phi - L\cot a\cos A\sin\phi \\ y = -L\cot a\sin A\sin\phi \end{cases} \tag{6.9}$$

이다. 식 (6.9)를 다시 정리하면,

$$\begin{cases} x + L\cos\phi = -L\cot a\cos A\sin\phi \\ y = -L\cot a\sin A\sin\phi \end{cases} \tag{6.10}$$

으고 식(6.10)의 두 식을 변변끼리 각각 나누어 정리하면,

$$\frac{y}{x + L\cos\phi} = \tan A \tag{6.11}$$

$$y = (\tan A)(x + L\cos\phi) \tag{6.12}$$

이다. 식 (6.12)에서 고도 $a$가 없는 것을 알 수 있다. 이 의미는 노몬이 지구 자전축과 평행하면 그 그림자가 태양의 방위각 $A$에 의해서만 영향을 받는다는 것을 의미한다. 이는 노몬 그림자가 태양의 고도와는 무관하다는 것을 말한다.

# 수평 해시계의 시간선 작도

적도 해시계는 노몬이 지구 자전축과 평행하고, 해시계 시반면이 지구 자전축과 수직으로 태양의 고도와 관계없이 원의 궤적으로 시간당 15°씩 움직이게 된다. 수평 해시계도 노몬을 지구 자전축과 평행하게 하면 그림자의 위치가 태양의 고도와 관계없이(즉, 계절에 관계없이) 노몬의 그림자로 시간을 측정할 수 있다. 적도 해시계의 그림자는 시간당 15°씩 움직이지만 수평 해시계 시반면은 지표면이기 때문에 그림자가 시간당 15°씩 움직이지 않는다. 태양에 의해서 생기는 적도 해시계의 시반면을 정사영 시키면 수평 해시계 시반면은 타원이 된다. [그림 6-6]은 적도 해시계의 시간각과 수평 해시계의 시간각 사이의 관계를 보여준다.

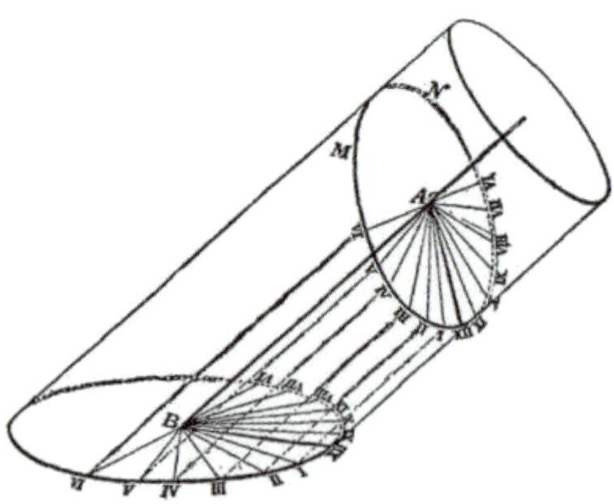


그림 6-6 적도 해시계 시반면과 수평 해시계 시반면

이제 노몬은 지구 자전축과 평행하게하고 시반면을 지표면에 위치시킬 때 해시계의 시간각을 측정할 수 있다. 수평 해시계는 적도 해시계와 달리 시반면 그림자로 타원으로 그려지는 해시계이다.

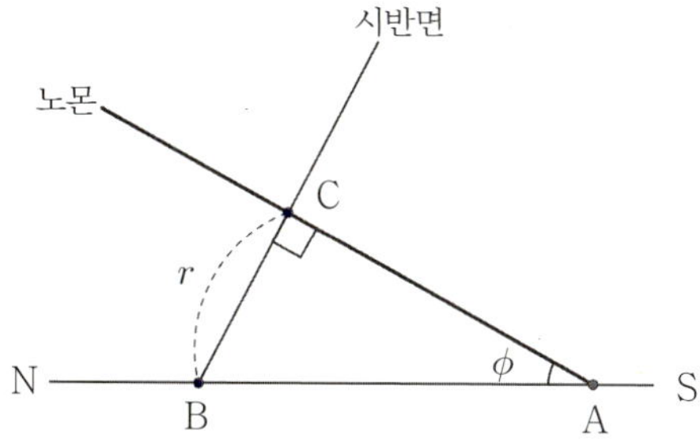


그림 6-7 적도 해식계의 시반면

적도 해시계의 시간선을 기준으로 하여서 수평 해시계 시간선을 기하학적으로 작도해 보자. 적도 해시계의 시반면에 수직인 노몬이 지면과 만나는 곳이 수평 해시계의 중심이고 타원의 중심인 점 A가 된다. 적도 해시계의 시반면이 지면과 만나는 곳을 점 B라고 하고, 시반면 반지름을 $r(=\overline{BC})$이라고 하면, $\overline{AB}$의 길이는

$$\overline{AB}=\frac{r}{\sin\phi} \tag{6.13}$$

이다. [그림 6-8]에서 지면에 $\overline{BC}$에 수직인 선을 긋고, 적도 해시계의 시반면의 중심인 점 C에서 $\overline{BC}$에 15°씩 직선을 그어 지면에 $\overline{BC}$에 수직인 선과 만나는 점을 표시를 하고, 표시된 점과 점 A를 선분을 작도하면 된다.

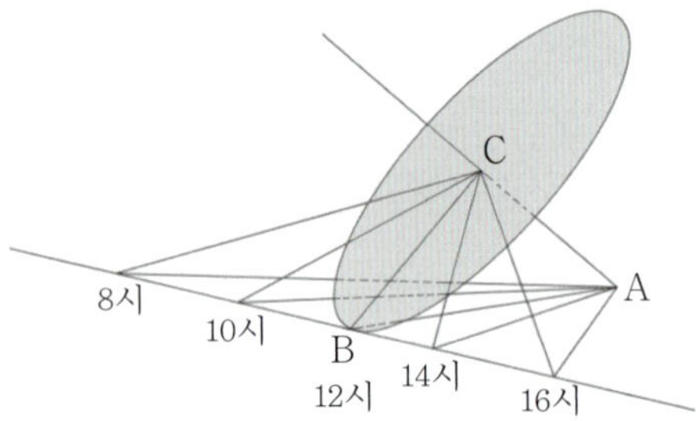


그림 6-8 적도 해시계와 수평 해시계의 시간 관계

[그림 6-9]는 적도 해시계의 시간선을 이용해 수평 해시계의 시간선을 작도하는 방법을 나타낸 것이다. 원과 동서를 지나는 직선과의 교점을 점 B라 하고, $\overline{BC}$의 길이는 원의 반지름 $r$이라 할 때, 직선 $\overleftrightarrow{CB}$의 위에 남쪽 방향으로 $\overline{AB} = \dfrac{r}{\sin\phi}$만큼 되게 점 A를 잡는다. 원의 중심 C을 중심으로 점 B를 15°간격으로 시계 방향과 시계 반대 방향으로 회전 시켜 점을 찍고, 원의 중심과 회전 시킨 점과의 직선을 긋는다. 그 점을 다시 더 연장해서 동서 방향과 만나는 직선과의 교점과 점 A를 연결하는 선분을 작도하면 그 선이 시간선이 된다.

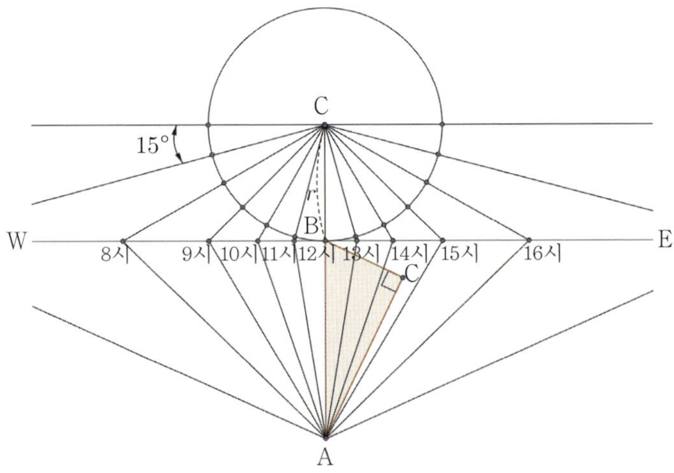


그림 6-9 적도 해시계 시간선을 이용한 수평 해시계 시간선 작도

# 수평 해시계의 삼각함수를 이용한 시간선 분석

적도 해시계의 시반면의 원의 반지름을 $\overline{CB}=r$ 이라고 하고, 시간각을 $\tau$라고 하자. 또한 수평 해시계의 노몬의 중심을 A 이라 하고,

$$\overline{AB}=\frac{r}{\sin\phi}$$

이고, 노몬 그림자 시간각을 $H$라고 하면

$$\overline{BP}=r\tan\tau$$

이고, 따라서

$$\tan H=\frac{\overline{BP}}{\overline{AB}}=\frac{r\tan\tau}{\frac{r}{\sin\phi}}=\tan\tau\sin\phi$$

임을 알 수 있다. 이를 다시 정리하면,

$$\tan H=\tan\tau\sin\phi \tag{6.14}$$

임을 알 수 있다.

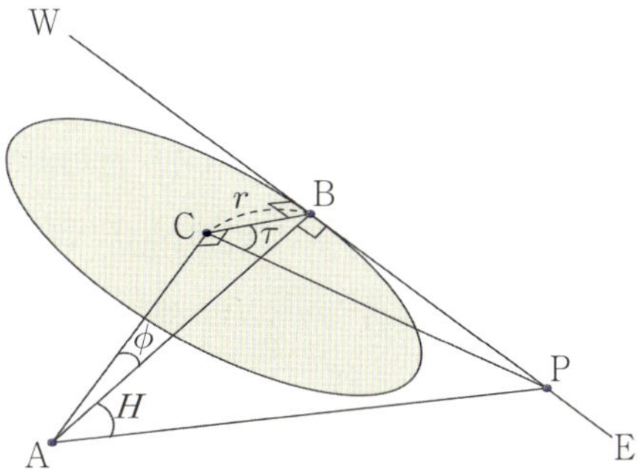


그림 6-10 삼각함수를 이용한 수평 해시계의 시간각 분석

# 수평 해시계의 타원 방정식을 이용한 노몬 그림자 시간각 분석

적도 해시계와 수평 해시계는 모두 노몬이 지면으로부터 위도 $\phi$만큼 기울어지게 만든다. 적도 해시계에서 시반면의 노몬 그림자 궤적이 원이지만, 시반면이 지평면인 노몬 그림자는 타원의 궤적을 그리게 된다. 타원의 단축 방향은 동서 방향이고, 단축 길이의 절반은 적도 해시계 시반면의 원의 반지름 '$m$'이라 하고, 장축 방향은 남북 방향이고 장축 길이 절반을 '$M$'라 하자. 그러면

$$\sin\phi = \frac{m}{M}, \quad M = \frac{m}{\sin\phi} \tag{6.15}$$

이다.

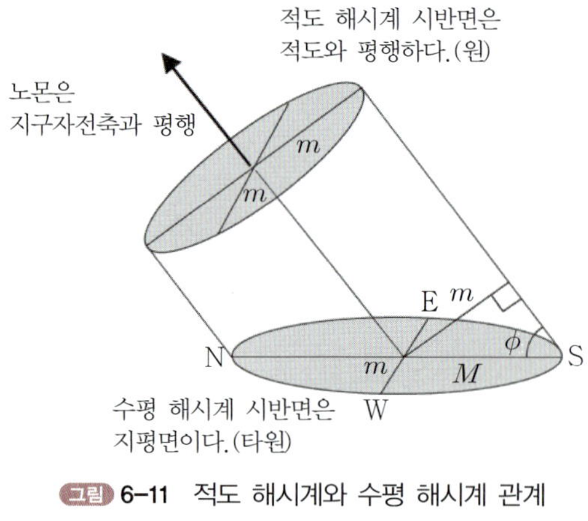


그림 6-11 적도 해시계와 수평 해시계 관계

시간각 $\tau$는 적도 해시계의 남북을 가르는 시간선으로부터 태양의 시간각이다. 시간각 $H$는 정사영 된 수평 해시계의 타원의 시간각이다. 즉, 노몬 그림자 시간각이다. 두 시간각 $\tau$와 $H$사이의 관계식을 찾아보자.

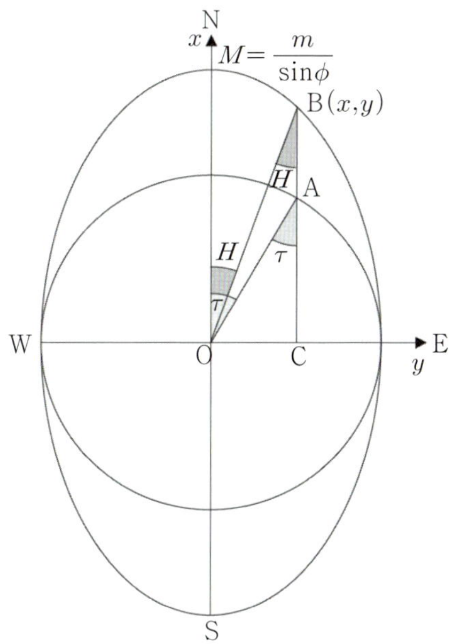


그림 6-12 적도 해시계의 원과 수평 해시계의 타원과의 관계

타원의 방정식은

$$\frac{x^2}{M^2}+\frac{y^2}{m^2}=1 \tag{6.16}$$

이다. 여기에 식 (6.15)을 식 (6.16)에 대입하면,

$$\frac{x^2\sin^2\phi}{m^2}+\frac{y^2}{m^2}=1$$

$$x^2\sin^2\phi+y^2=m^2 \tag{6.17}$$

이다. 또한 △OAC 에서

$$y = m\sin\tau \tag{6.18}$$

이므로 식 (6.18)을 식 (6.17)에 대입하면,

$$x^2 = \frac{m^2 - m^2\sin^2\tau}{\sin^2\phi} = \frac{m^2(1-\sin^2\tau)}{\sin^2\phi} = \frac{m^2\cos^2\tau}{\sin^2\phi} \tag{6.19}$$

이 되어, 식 (6.19)을 $x$에 관하여 풀면,

$$x = \frac{m\cos\tau}{\sin\phi} \tag{6.20}$$

이다. 따라서 식 (6.18)과 식 (6.20)이 점 B의 $x$, $y$ 좌표값이다. 즉,

$$x = \frac{m\cos\tau}{\sin\phi},\ y = m\sin\tau \tag{6.21}$$

이다. 그리고, 식 (6.21)은 △OBC 에서 시간각 $H$는

$$\tan H = \frac{y}{x} = \frac{m\sin\tau}{\dfrac{m\cos\tau}{\sin\phi}} = \frac{m\sin\tau\sin\phi}{m\cos\tau} = \tan\tau\sin\phi \tag{6.22}$$

이다. 그러므로 적도 해시계 시간각 $\tau$와 수평 해시계 시간각 $H$ 사이에는

$$\tan H = \tan\tau\sin\phi \tag{6.23}$$

관계식이 성립한다. 삼각함수를 이용하여 구한 식 (6.14)와 같음을 알 수 있다.

# 벡터 방정식을 이용한 시간각 분석

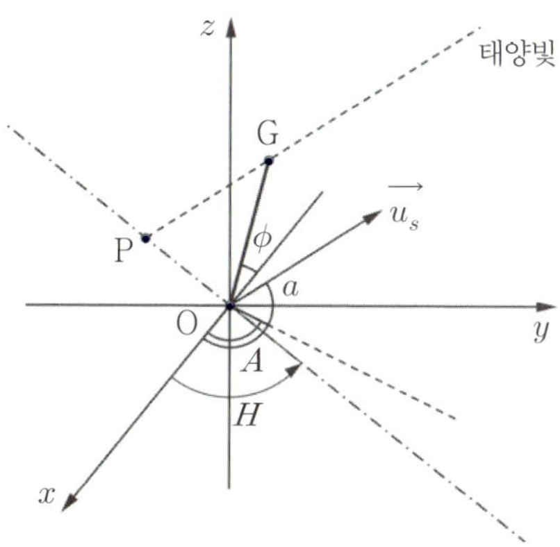


그림 6-13 시간각 벡터 방정식 해석

[그림 6-13] 직선 $\overleftrightarrow{OP}$ 의 기울기는 수평 해시계의 시간각과 같다. 그러므로 점 P 의 좌표가 식 (6.8)에서 $x$ 성분과 $y$ 성분은 각각

$$x = -L\cos\phi - L\sin\phi\cot a\cos A \tag{6.24}$$

$$y = -L\sin\phi\cot a\sin A \tag{6.25}$$

이다.

따라서 시간각 $H$의 직선 $\overleftrightarrow{OP}$ 기울기가 $\tan H\left(=\dfrac{y}{x}\right)$이므로 식 (6.24)

와 식 (6.25)에서

$$\tan H = \frac{-L\sin\phi\cot a\sin A}{-L\cos\phi - L\sin\phi\cot a\cos A}$$

$$= \frac{\sin\phi\cot a\sin A}{\cos\phi - \sin\phi\cot a\cos A}$$

위의 식에서 분자로 나누어 정리하면,

$$= \frac{1}{\frac{\cos\phi}{\sin\phi}\cdot\frac{\sin a}{\cos a\sin A} + \cot A}$$

위의 식에 식 (4.32)을 대입하여 정리하면,

$$= \frac{1}{\frac{\cos\phi}{\sin\phi}\cdot\frac{\cos\delta\cos\tau\cos\phi + \sin\delta\sin\phi}{\cos\delta\sin\tau} + \frac{\cos\tau\sin\phi - \tan\delta\cos\phi}{\sin\tau}}$$

$$= \frac{\sin\tau\sin\phi}{\cos^2\phi\cos\tau + \tan\delta\cos\phi\sin\phi + \cos\tau\sin^2\phi - \tan\delta\cos\phi\sin\phi}$$

$$= \frac{\sin\tau\sin\phi}{\cos\tau(\cos^2\phi + \sin^2\phi)}$$

$$= \frac{\sin\tau\sin\phi}{\cos\tau}$$

$$= \tan\tau\sin\phi$$

이고 이를 다시 정리하면,

$$\tan H = \tan\tau\sin\phi \tag{6.26}$$

임을 알 수 있다. 식 (6.14), 식 (6.23)과 같은 식을 유도하였다.

# 수평 해시계
# 시간선 작도와 시간 측정

식 (6.26)에 탄젠트 역함수를 취하면

$$H = \tan^{-1}(\tan\tau \sin\phi) \qquad (6.27)$$

을 얻는다. 식 (6.27)에 대전둔원고등학교의 위도값($\phi = 36.34°$)을 입력하여 수평 해시계 시간선을 계산할 수 있다. 12시 정각부터 오후 6시까지의 시간각에 대해 계산하면 아래 [표 6-1]과 같다.

**표 6-1** 대전둔원고등학교에서 적도 시간간과 수평 시간각 관계

| 시간 | $\tau$(°) | $H$(°) |
|---|---|---|
| 정각 12시 | 0 | 0.0 |
| 오후 1시 | 15 | 9 |
| 오후 2시 | 30 | 18.8 |
| 오수 3시 | 45 | 30.6 |
| 오후 4시 | 60 | 45.6 |
| 오후 5시 | 75 | 65.6 |
| 오후 6시 | 90 | 90.0 |

[표 6-1]을 바탕으로 오전 시간각은 오후 시간각을 정오 시간선에 대칭하여 얻을 수 있다. 위의 시간각을 이용하여 수평 해시계의 시간선은

[그림 6-14]와 같이 그릴 수 있다.

[그림 6-15]는 장영실 동산(부산)에서 수평 해시계의 모습이다. [그림 6-16]은 수평해시계를 직접 만들어 시간을 측정하였다.

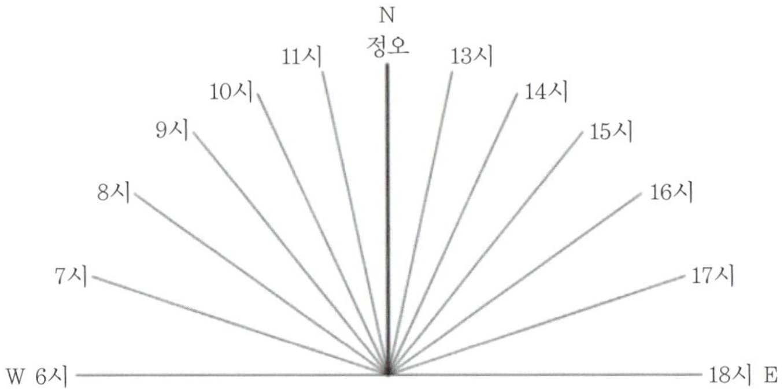


그림 6-14 대전 둔원고등학교(위도 36.34°)에서의 수평 해시계 시간선 그래프

그림 6-15 수평 해시계 (장영실 동산, 부산)

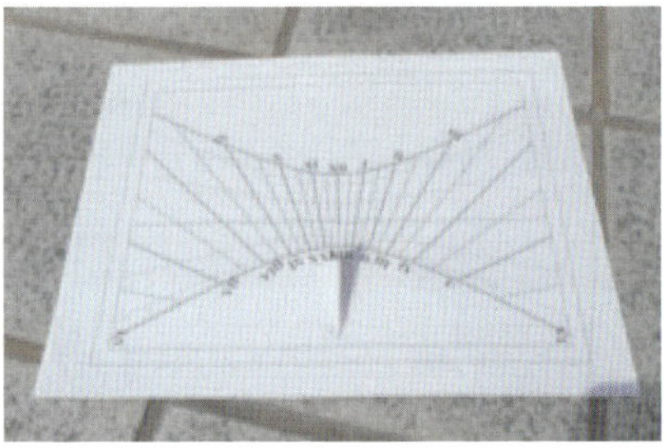

그림 6-16 수평해시계 시간 측정

# Chapter 7

# 수직 해시계

# 정남쪽 방향
# 수직 벽의 수직 해시계

6장에서 수평 해시계를 분석해 보았다. 그럼 수직 벽에 해시계를 만들려면 어떻게 해야 할까? 수직 벽은 여러 방향을 고려해야 하므로 7장에서는 정남쪽의 수직 벽의 수직 해시계에 대하여 분석해 보겠다.

정남쪽의 수직 벽에 설치된 수직 해시계의 시간선들은 어떻게 그려야 할까? 정남쪽의 해시계의 시간선과 적도 해시계의 시간선의 관계는 어떻게 될까? 이 질문들에 대해 수학적 분석을 통해 해답을 찾아보도록 하자.

그림 7-1 정남쪽 방향의 수직 해시계

* 출처: Eddie Lyons by Flickr

# 수직 해시계의 시간선 작도

수직 해시계의 노몬은 [그림 7-2]와 같이 수직 벽에 고정되어 있고 북쪽 방향으로 향하며 관찰자의 위도가 $\phi$일 때 수직 벽으로부터 $90° - \phi$의 기울어져 있다.

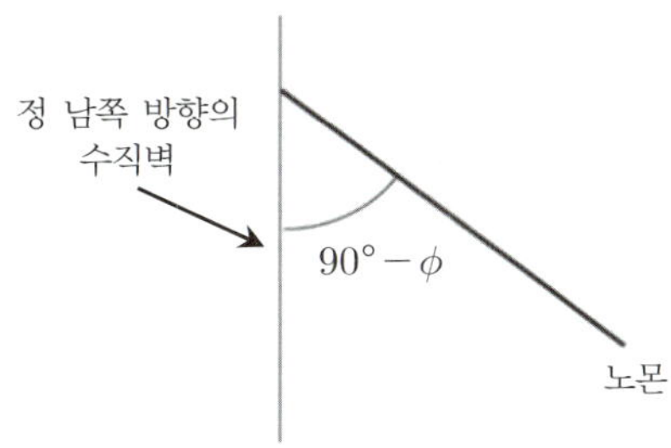


그림 7-2 수직 해시계의 노몬

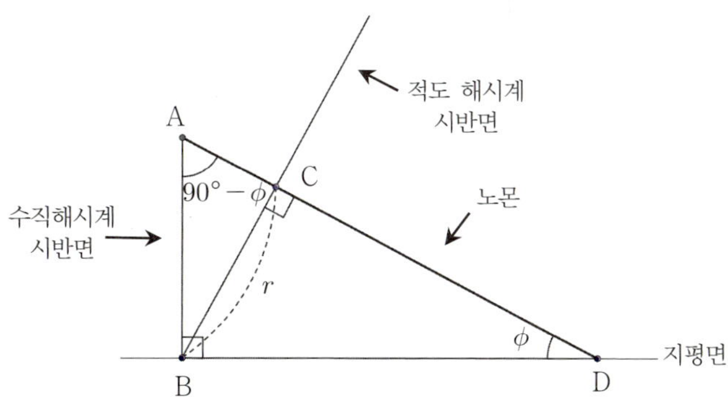


그림 7-3 적도 해시계 시반면

적도 해시계의 시반면에 수직인 노몬이 수직 벽과 만나는 곳이 수직 해시계의 중심이 되고 타원의 중심인 점 A가 된다. [그림 7-3]에서 적도 해시계의 시반면이 지면과 만나는 곳을 점 B라고 하고, 시반면의 반지름을 $r$이라고 하면, $\overline{AB}$의 길이는

$$\frac{r}{\overline{AB}} = \sin(90° - \phi) = \cos\phi \tag{7.1}$$

$$\overline{AB} = \frac{r}{\cos\phi} \tag{7.2}$$

이다.

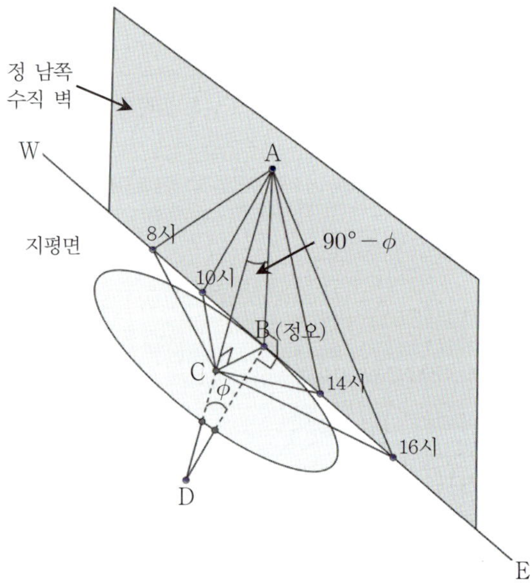


그림 7-4 적도 해시계와 수직 해시계의 관계

[그림 7-4]처럼 수직 해시계의 시간선은 지면과 수직 벽의 교선인 즉, $\overline{BC}$에 수직인 선을 긋고, 적도 해시계의 시반면의 중심인 점 C에서 $\overline{BC}$에 15°씩 회전을 하여 직선을 그어 지면과 수직 벽의 교선 즉, $\overline{BC}$에 수직인 선과 만나는 점을 표시를 하고, 그 점과 점 A를 선분을 그어 작도를 하면 된다.

[그림 7-5]는 적도 해시계의 시간선을 이용하여 수직 해시계의 시간선을 작도하는 방법을 나타낸 것이다. 원과 동서를 지나는 직선과의 교점을 점 B라 하고, $\overline{BC}$의 길이는 원의 반지름 $r$이라 할 때, 직선 $\overleftrightarrow{CB}$ 위에 수직 벽 위쪽 수직 방향으로 $\overline{AB}\left(=\dfrac{r}{\cos\phi}\right)$만큼 되게 점 A를 잡는다. 원의 중심 C를 중심으로 점 B는 15°간격으로 시계 방향과 시계 반대 방향으로 회전 시켜 점을 찍고, 원의 중심과 회전 시킨 점과의 직선을 그어 동서 방향과 만나는 직선과의 교점과 점 A를 연결하는 선분을 작도하면 그 선이 시간선이 된다.

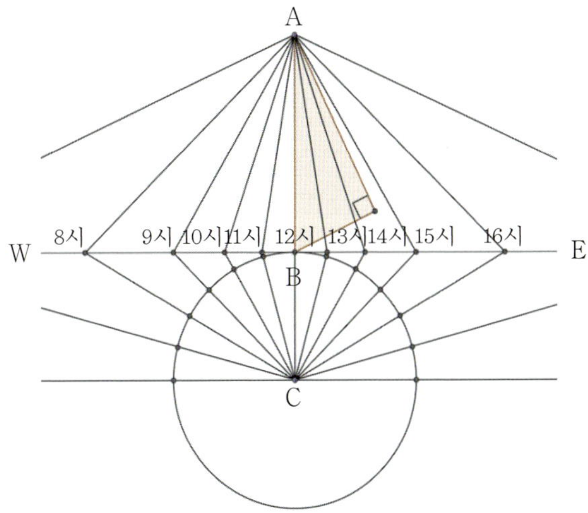


그림 7-5 적도 해시계의 시간선을 이용한 수직 해시계 시간선 작도

# 수직 해시계의 삼각함수를 이용한 시간선 분석

적도 해시계의 시반면의 원의 반지름을 $r=\overline{\mathrm{CB}}$ 이라고 하고, 시간각을 $\tau$라고 하자. 또한 수직 해시계의 노몬의 중심이 A 이고, $\overline{\mathrm{AB}}=\dfrac{r}{\cos\phi}$ 이고, 시간각을 $H$라고 하자.

그러면

$$\overline{\mathrm{BP}}=r\tan\tau \tag{7.3}$$

이고, 따라서

$$\tan H=\frac{\overline{\mathrm{BP}}}{\overline{\mathrm{AB}}}=\frac{r\tan\tau}{\dfrac{r}{\cos\phi}} =\tan\tau\cos\phi \tag{7.4}$$

이어서

$$\tan H=\tan\tau\cos\phi \tag{7.5}$$

임을 알 수 있다.

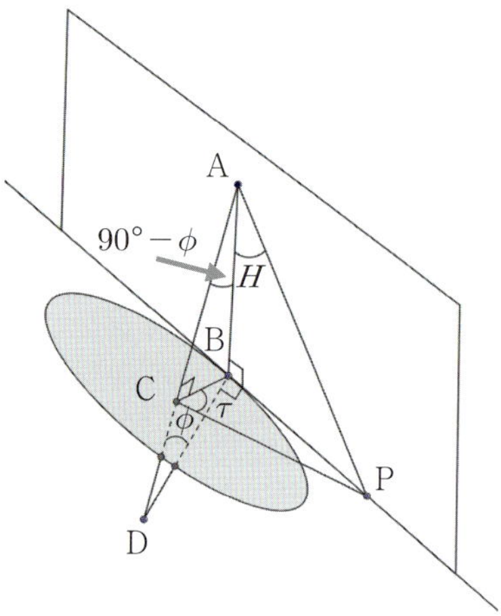

그림 7-6 삼각함수를 이용한 수직 해시계 시간각 분석

# 수직 해시계의 타원 방정식을 이용한 시간각 분석

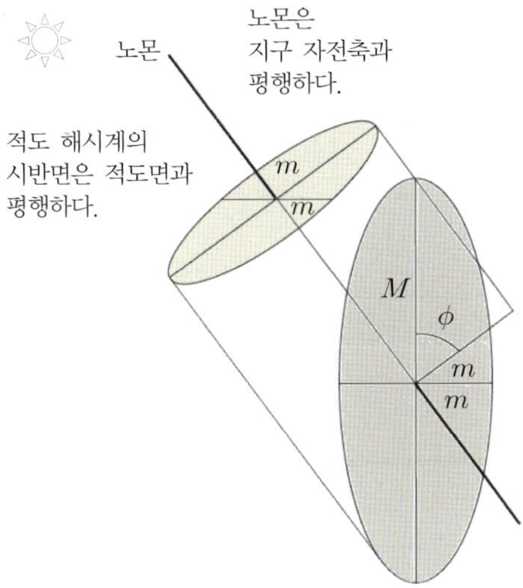


그림 7-7 적도 해시계의 시반면과 수직 해시계 시반면 사이 관계

[그림 7-7]처럼 태양 빛이 적도 해시계의 시반면을 비추어 수직 벽에 드리워지는 그림자는 타원이다. 수직 해시계는 적도 해시계 시반면의 원이 지면에 수직인 벽면에 그려지는 그림자로 즉, 타원으로 그려지는 해시계이다. 관측자의 위도가 $\phi$이고, 적도 해시계 시반면의 시계 원판 반지름을 $m$이라고 하면, 타원에서 단축 절반길이는 시간 원판에서의 반지름 $m$이라 하고, 장축 절반의 길이를 $M$라고 하자. 그렇게 정사영의 원

리를 이용하면,

$$\cos\phi = \frac{m}{M} \tag{7.6}$$

$$M = \frac{m}{\cos\phi} \tag{7.7}$$

이다. 이제 적도 해시계의 시간각 $\tau$에 대하여 수직 벽에 드리워지는 수직 벽에서의 시간각 $H$에 대한 관계식을 찾을 수 있다.

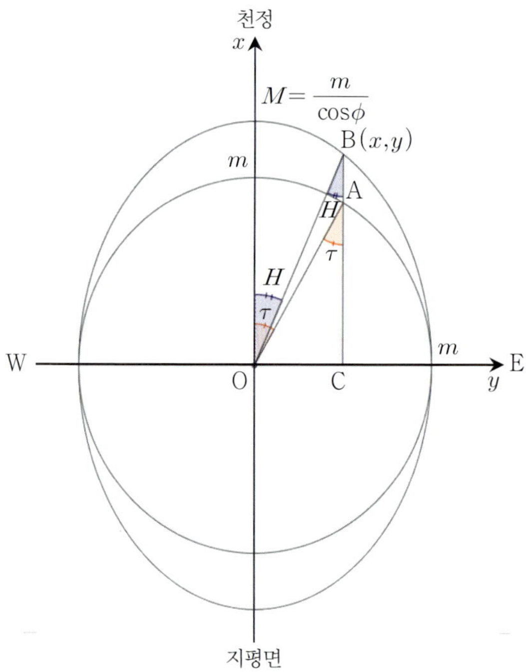


그림 7-8 적도 해시계의 시간각($\tau$)과 수직 해시계의 시간각($H$) 관계

북반구에서는 수직 해시계는 정남쪽 벽을 바라보고 있어야 한다.(남반구에서는 정 북쪽) 균시차를 적용하지 않은 경우에 적도 해시계는 1시간

에 15°씩 회전을 한다. 그러나 적도 해시계를 벽면에 정사영 시킨 수직 해시계의 타원에서는 같은 각 만큼 회전을 하지 않는다. 우리는 타원에서의 각을 측정하기 위해서 수직 해시계에서 타원의 시간각을 $H$라고 하자. [그림 7-8]에서 타원과 $\triangle OAC$와 $\triangle OBC$와 삼각함수를 이용하여 수직 해시계 시간각 $H$를 위도 $\phi$와 적도 해시계 시간각 $\tau$의 방정식으로 나타내어 보자.

타원의 방정식은

$$\frac{x^2}{M^2}+\frac{y^2}{m^2}=1 \tag{7.8}$$

이다. 식 (7.7)을 식 (7.8)에 대입하면,

$$\frac{x^2\cos^2\phi}{m^2}+\frac{y^2}{m^2}=1 \tag{7.9}$$

이고, 이를 정리하면,

$$x^2\cos^2\phi+y^2=m^2 \tag{7.10}$$

이다. 또한 $\triangle OAC$에서

$$y=m\sin\tau \tag{7.11}$$

이므로 식 (7.11)을 식 (7.10)에 대입하여 $x$에 대하여 정리하면,

$$x^2=\frac{m^2-m^2\sin^2\tau}{\cos^2\phi}=\frac{m^2(1-\sin^2\tau)}{\cos^2\phi}=\frac{m^2\cos^2\tau}{\cos^2\phi} \tag{7.12}$$

따라서

$$x=\frac{m\cos\tau}{\cos\phi} \tag{7.13}$$

이다. 그러므로

$$y = m\sin\tau,\ x = \frac{m\cos\tau}{\cos\phi} \tag{7.14}$$

이다. 식 (7.14)를 $\triangle$OBC에서 타원 시간각 $H$로 표현을 하면,

$$\tan H = \frac{y}{x} = \frac{m\sin\tau}{\frac{m\cos\tau}{\cos\phi}} = \frac{m\sin\tau\cos\phi}{m\cos\tau} = \tan\tau\cos\phi \tag{7.15}$$

이다. 수직 해시계 시간각 $H$를 위도 $\phi$와 적도 해시계 시간각 $\tau$의 방정식으로 나타내어 보면

$$\tan H = \tan\tau\cos\phi \tag{7.16}$$

이다.

# 수직 해시계의 시간선 작도와 시간 측정

식 (7.16)에 탄젠트 역함수를 취하면

$$H = \tan^{-1}(\tan\tau\cos\phi) \tag{7.17}$$

으로 수직 해시계에서 시반면의 시간각 $H$를 얻을 수 있다.

적도 해시계의 시간각 $\tau$와 수직 벽 해시계의 시간각 $H$에 대한 식 (7.17)을 이용해 대전둔원고등학교(위도 $= 36.34°$)의 수직 해시계 시간선을 구해 보면 [표 7-1]과 같고, 오전의 시간각은 정오를 중심으로 대칭을 시켜 얻을 수 있다.

**표 7-1** 대전둔원고등학교에서 적도 시간간과 수직 시간각

| 시간 | $\tau$(°) | $H$(°) |
|---|---|---|
| 정오 12시 | 0 | 0.0 |
| 오후 1시 | 15 | 12.0 |
| 오후 2시 | 30 | 24.6 |
| 오수 3시 | 45 | 38.4 |
| 오후 4시 | 60 | 54.0 |
| 오후 5시 | 75 | 71.3 |
| 오후 6시 | 90 | 90.0 |

[표 7-1]을 바탕으로 시간선을 작도를 해 보면, [그림 7-10]과 같고, [그림 7-11]은 수직 해시계의 시간을 실제로 측정한 사진이다.

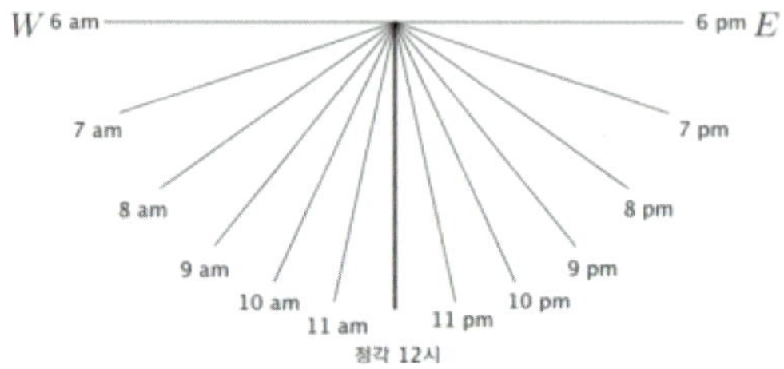


그림 7-10 대전둔원고등학교에서 수직 해시계 시간선

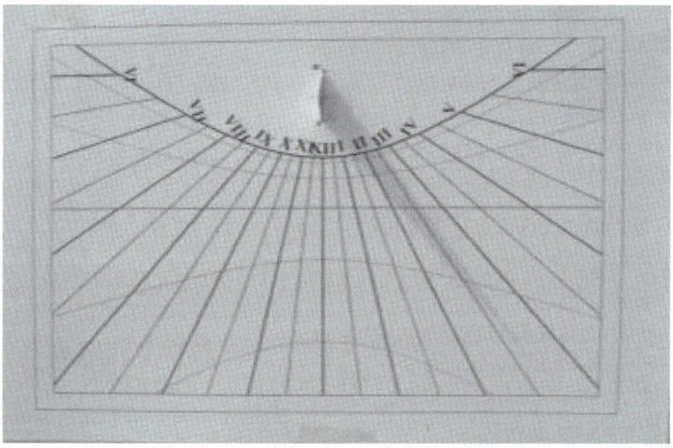

그림 7-11 수직 해시계 시간 측정

Chapter 8

# 아날레마 해시계

# 수평 해시계 노몬 그림자 궤적

아날레마 해시계는 어떠한 해시계일까? 아날레마 해시계는 수평해시계에서 드리워지는 노몬의 그림자의 궤적의 복잡함을 극복하기 위해 시간선을 기준으로 다시 분석하려는 노력으로 탄생되었다. 수평 해시계의 지평면에 수직인 노몬의 그림자의 궤적이 얼마나 복잡한지를 알아보고, 이를 시간선이라는 것을 기준으로 하여 다시 분석하려는 노력에 의해서 아날레마 해시계가 탄생되었다. 아날레마 해시계를 하기 전에 수평 해시계의 지평면에 수직인 노몬 그림자 궤적에 대하여 알아보자.

지평면에 수직인 노몬 그림자의 궤적 방정식을 유도해 보자. 지구 자전축과 평행한 노몬과 지평면에 수직 노몬을 이용하여 두 그림자 교점을 이용하여 궤적을 구할 것이다.

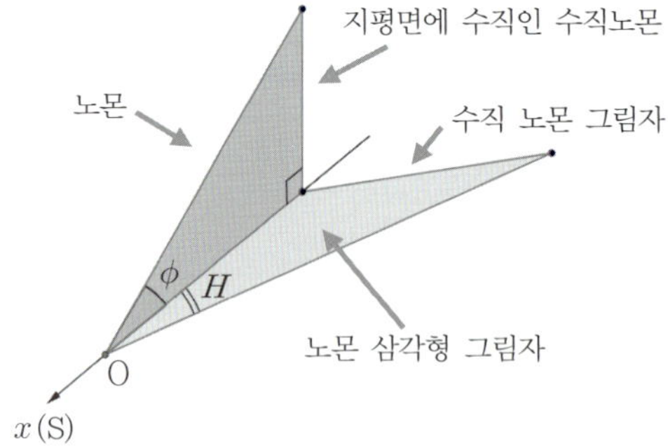


그림 8-1 노몬 그림자

[그림 8-1]에서 위도가 $\phi$인 지역에서 노몬은 지평면으로부터 북쪽 방향으로 위도 $\phi$만큼 기울여져 있으며, 노몬의 지평면과 만나는 점을 O라고 하고, 지평면에 수직인 노몬의 높이를 $h$라 하자. 이를 좌표 평면에 나타내면 [그림 8-2]와 같이 나타낼 수 있다.

이 때, $\overline{OG} = \dfrac{h}{\tan\phi}$로 점 G의 좌표는

$$G\left(-\frac{h}{\tan\phi}, 0\right) \tag{8.1}$$

이다. 또한 태양의 방위각을 $A$이고, 지평면에 드리워진 노몬 그림자의 시간각을 $H$라고 하자. 그러면 식 (4.32)와 식 (6.23)

$$\tan A = \frac{\sin\tau}{\cos\tau\sin\phi - \tan\delta\cos\phi} \tag{8.2}$$

$$\tan H = \tan\tau\sin\phi \tag{8.3}$$

을 이용하여야 한다.

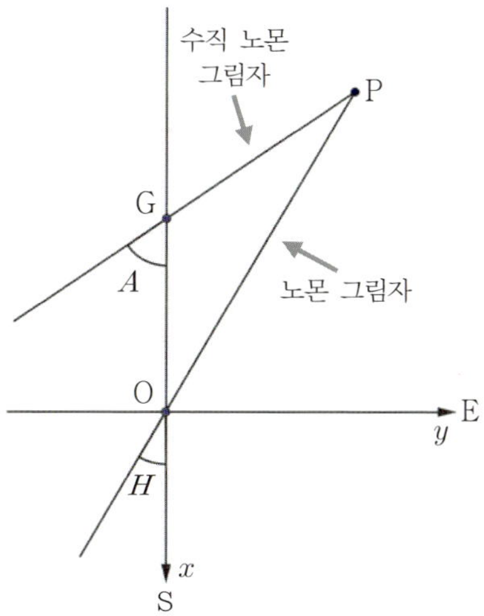


그림 8-2 좌표평면에 나타낸 노몬 그림자

직선 $\overleftrightarrow{OP}$ 방정식은

$$y=(\tan H)x \tag{8.4}$$

이고, 직선 $\overleftrightarrow{GP}$ 방정식은

$$y=(\tan A)\left(x+\frac{h}{\tan\phi}\right) \tag{8.5}$$

이다. 식 (8.4)와 식 (8.5)를 연립하여 풀면,

$$(\tan A)x+\frac{h\tan A}{\tan\phi}=(\tan H)x$$

$$(\tan A-\tan H)x=-h\cdot\frac{\tan A}{\tan\phi} \tag{8.6}$$

이다. 식 (8.6)의 우변과 좌변에 식 (8.2)와 식 (8.3)을 대입하여서 풀어 보자.

우변의 $\tan A-\tan H$ 를 정리하며 보면,

$$\begin{aligned}(\tan A-\tan H)&=\frac{\sin\tau}{\cos\tau\sin\phi-\tan\delta\cos\phi}-\tan\tau\sin\phi\\&=\frac{\sin\tau}{\cos\tau\sin\phi-\tan\delta\cos\phi}-\frac{\sin\tau\sin\phi}{\cos\tau}\\&=\frac{\sin\tau(\cos\tau-\cos\tau\sin^2\phi+\tan\delta\sin\phi\cos\phi)}{\cos\tau(\cos\tau\sin\phi-\tan\delta\cos\phi)}\\&=\frac{\sin\tau(\cos\tau(1-\sin^2\phi)+\tan\delta\sin\phi\cos\phi)}{\cos\tau(\cos\tau\sin\phi-\tan\delta\cos\phi)}\\&=\frac{\sin\tau(\cos\tau\cos^2\phi+\tan\delta\sin\phi\cos\phi)}{\cos\tau(\cos\tau\sin\phi-\tan\delta\cos\phi)}\\&=\frac{\sin\tau\cos\phi(\cos\tau\cos\phi+\tan\delta\sin\phi)}{\cos\tau(\cos\tau\sin\phi-\tan\delta\cos\phi)}\end{aligned} \tag{8.7}$$

이다. 또한 좌변을 정리하여 하면,

$$-h \cdot \frac{\tan A}{\tan\phi} = -h \cdot \frac{\sin\tau}{\cos\tau\sin\phi - \tan\delta\cos\phi} \cdot \frac{\cos\phi}{\sin\phi}$$

$$= -h \cdot \frac{\sin\tau\cos\phi}{\sin\phi(\cos\tau\sin\phi - \tan\delta\cos\phi)} \qquad (8.8)$$

이다. 따라서 식 (8.7)과 식 (8.8)을 식 (8.6)에 대입하여 풀어 보자.

$$x \cdot \frac{\sin\tau\cos\phi(\cos\tau\cos\phi + \tan\delta\sin\phi)}{\cos\tau(\cos\tau\sin\phi - \tan\delta\cos\phi)}$$

$$= -h \cdot \frac{\sin\tau\cos\phi}{\sin\phi(\cos\tau\sin\phi - \tan\delta\cos\phi)}$$

$$x = \frac{-h\cos\tau}{\sin\phi(\cos\tau\cos\phi + \tan\delta\sin\phi)} \qquad (8.9)$$

식 (8.9)을 식 (8.4)에 대입을 하여 보자.

$$y = (\tan H)x$$

$$= x \cdot \tan\tau\sin\phi$$

$$= \frac{-h\cos\tau}{\sin\phi(\cos\tau\cos\phi + \tan\delta\sin\phi)} \cdot \frac{\sin\tau}{\cos\tau} \cdot \sin\phi$$

$$= \frac{-h\sin\tau}{\cos\tau\cos\phi + \tan\delta\sin\phi} \qquad (8.10)$$

이다. 식 (8.9)와 식 (8.10)은 점 P 의 매개변수 방정식의 해로 아래와 같다.

$$\left(\frac{-h\cos\tau}{\sin\phi(\cos\tau\cos\phi + \tan\delta\sin\phi)}, \frac{-h\sin\tau}{\cos\tau\cos\phi + \tan\delta\sin\phi}\right) \qquad (8.11)$$

식 (8.11)의 매개변수 방정식은 날수 $N$과 시간각 $\tau$에 대한 매개변수 방정식으로 날수와 시간각의 범위를 넣어 그래프를 그리면 된다. 식 (8.11)를 컴퓨터를 이용하여 $h = 50$으로 하고, 날수 $N = 81$(춘분), 172 (하지), 355(동지)와 시간각 $\tau = -\frac{\pi}{3}$, $-\frac{\pi}{4}$, $-\frac{\pi}{6}$, $-\frac{\pi}{12}$, 0, $\frac{\pi}{12}$,

$\frac{\pi}{6}$, $\frac{\pi}{4}$, $\frac{\pi}{3}$에 대하여 그래프를 그리면 [그림 8-3]과 같이 그려진다. 이를 통해 계절선이 쌍곡선의 그래프임을 알 수 있다.

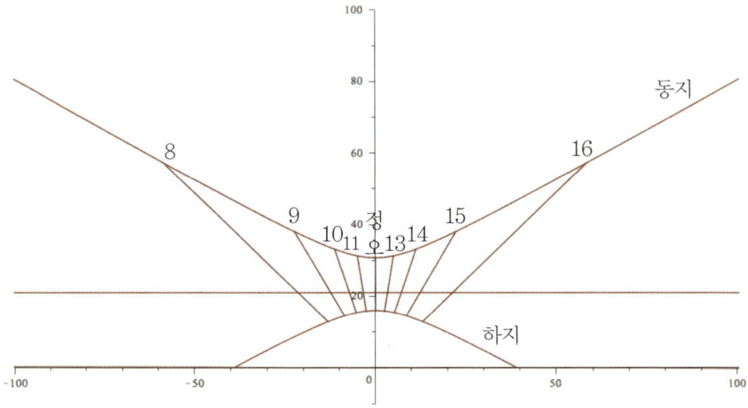


그림 8-3 수평 해시계 계절선과 시간선

그림 8-4 지평 해시계(왼쪽 정영실 동산(부산), 오른쪽 한국천문연구원(대전))

# 아날레마 해시계

수평 해시계의 지평면의 수직으로 고정되어 있는 노몬의 그림자는 계절에 따라 시간선의 위치가 다르다. 이 시간선의 위치를 고정하면, 지평면에 수직으로 서 있는 노몬의 위치를 이동시켜야 한다. 시간의 위치는 지평면에 비추어진 궤적이 타원이므로 타원을 기준으로 하여서 만든 것이 아날레마 해시계이다.

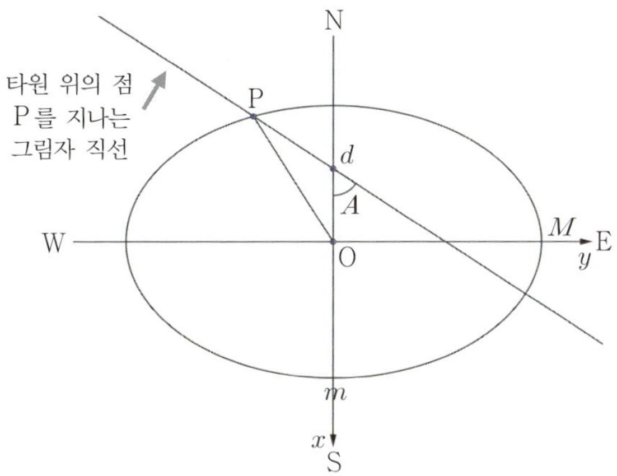


그림 8-5 아날레마 해시계 분석

아날레마 해시계Analemmatic sundial를 만들기 위해서는 타원 방정식에 대한 이해가 필요 하다. 위도 $\phi$인 위치에서 장축의 절반 길이를 $M$이라고 하고 단축의 절반 길이를 $m$이라 하자. 남쪽 방향을 $x$ 축의 양의 방향으로, 동쪽 방향을 $y$축의 방향으로 하고, 장축을 $y$축에 있도록 한 타원의 방정식은

$$\frac{x^2}{m^2}+\frac{y^2}{M^2}=1 \tag{8.13}$$

이다. 타원의 초점은 $F(0, \pm M\cos\phi)$이다.

이때 단축의 절반을

$$m=M\sin\phi \tag{8.14}$$

으로 하자. 식 (8.14)을 식 (8.13)에 대입하여 정리하면,

$$\frac{x^2}{M^2\sin^2\phi}+\frac{y^2}{M^2}=1$$

$$\frac{x^2}{\sin^2\phi}+y^2=M^2 \tag{8.15}$$

이다. 또한 타원 위의 점 P를 지나는 노몬 그림자 직선의 $y$절편을 $d$이라고 하면 직선의 방정식은

$$y=(\tan A)(x-d) \tag{8.16}$$

이다. 식 (8.16)에 식 (8.2)를 대입해 정리하면,

$$y=\frac{\sin\tau}{\cos\tau\sin\phi-\tan\delta\cos\phi}\cdot(x-d) \tag{8.17}$$

이다.

우리는 여기서 노몬의 그림자가 시간선인데 이를 원점 O을 지나고 타원의 한 점을 지나도록 시간을 표시하고 모든 계절에 대하여 노몬의 $y$절편을 옮겨서 타원위의 시간 고정점을 지나도록 하려고 한다.

계절의 기준은 춘분점으로 하면, 춘분점에서의 태양의 적위는 $\delta=0$

이고, 원점을 지나도록 하여야 하므로 식 (8.17)는

$$y = \frac{\sin\tau}{\cos\tau\sin\phi}x \tag{8.18}$$

의 직선의 방정식으로 나타낼 수 있다. 식 (8.18)를 타원의 방정식 (8.15)에 대입하면

$$\frac{x^2}{\sin^2\phi} + \frac{\sin^2\tau}{\cos^2\tau\sin^2\phi}x^2 = M^2$$

$$(1 + \tan^2\tau)^2 x^2 = M^2\sin^2\phi \tag{8.19}$$

이고, $1 + \tan^2\tau = \sec^2\tau$ 이므로 식 (8.19)는

$$x^2\sec^2\tau = M^2\sin^2\phi$$

$$x^2 = M^2\cos^2\tau\sin^2\phi \tag{8.20}$$

으고, 식 (8.20) $x$의 해 $x_p$를 구하면,

$$x_p = -M\cos\tau\sin\phi \quad (x < 0) \tag{8.21}$$

이다. 식 (8.21)을 식 (8.18)에 대입하여 정리하면,

$$y = \frac{\sin\tau}{\cos\tau\sin\phi}x = \frac{\sin\tau}{\cos\tau\sin\phi} \cdot (-M\cos\tau\sin\phi)$$
$$= -M\sin\tau$$

이고, $y$의 해 $y_p$는

$$y_p = -M\sin\tau \tag{8.22}$$

이다. 따라서 원점을 중심으로 춘분점에서의 시간점 $\mathrm{P}(x_p, y_p)$는

$$(-M\cos\tau\sin\phi, -M\sin\tau) \tag{8.23}$$

이다.

여기서의 시간각 $\tau$는 태양의 시간각이고, 각 시간각에 위치를 대전 둔원고등학교 위도 기준(36.34°) 대하여 표로 나타내어 보자. $M=1$이라 가정하면 아래와 [표 8-1]과 같은 위치로 나타낼 수 있다.

**표 8-1** 타원 위의 시간점 표시

| 시간 | 6 | 7 | 8 | 9 | 10 | 11 | 정오 |
|---|---|---|---|---|---|---|---|
| $\tau$(°) | 90 | 75 | 60 | 45 | 30 | 15 | 0 |
| $y$ | −1.00 | −0.97 | −0.87 | −0.71 | −0.50 | −0.26 | 0.00 |
| $x$ | −0.00 | −0.15 | −0.30 | −0.42 | −0.51 | −0.57 | −0.59 |
| 시간 | 13 | 14 | 15 | 16 | 17 | 18 | |
| $\tau$(°) | −15 | −30 | −45 | −60 | −75 | −90 | |
| $y$ | 0.26 | 0.50 | 0.71 | 0.87 | 0.97 | 1.00 | |
| $x$ | −0.6 | −0.5 | −0.4 | −0.3 | −0.2 | −0.0 | |

이제 우리는 날수 $N$에 대하여 적위 $\delta(N)$가 변하고 그 때, 점 P를 지나는 노몬의 그림자 직선의 $y$절편 $d$를 구하면 된다. 그 곳이 바로 노몬이 위치한 곳이다. 따라서 식 (8.23)을 식(8.17)에 대입하여 정리하면,

$$-M\sin\tau=\frac{\sin\tau}{\cos\tau\sin\phi-\tan\delta\cos\phi}\cdot(-M\cos\tau\sin\phi-d)$$

$$-M\cos\tau\sin\phi+M\tan\delta\cos\phi=-M\cos\tau\sin\phi-d$$

이고 이를 정리하면 $y$절편 $d$는

$$d=-M\tan\delta\cos\phi \tag{8.24}$$

이다. 식 (8.24)으로 $y$절편 $d$를 계산하면 [표 8-2]와 같고, $M=50$일 때, 컴퓨터를 이용하여 그림을 그리면 [그림 8-6]와 같이 그릴 수 있다. 이를 바닥에 크게 만들 수 있을 것이다.

**표 8-2** 계절위치 값인 $y$절편 $d$

| 날짜 | 날수($N$) | 적위($\delta(N)$) | $y$절편 $d$ |
|---|---|---|---|
| 1월1일 | 1 | −23.00 | 17.09 |
| 2월1일 | 32 | −17.50 | 12.70 |
| 3월1일 | 60 | −8.28 | 5.86 |
| 4월1일 | 91 | 4.01 | −2.82 |
| 5월1일 | 121 | 14.89 | −10.70 |
| 6월1일 | 162 | 23.08 | −17.16 |
| 6월21일(하지) | 172 | 23.45 | −17.46 |
| 7월1일 | 182 | 23.13 | −17.20 |
| 8월1일 | 213 | 17.95 | −13.05 |
| 9월1일 | 244 | 7.80 | −5.51 |
| 10월1일 | 274 | −4.12 | 2.90 |
| 11월1일 | 305 | −15.28 | 11.00 |
| 12월1일 | 335 | −22.07 | 16.32 |
| 12월21일(동지) | 355 | −23.45 | 17.46 |

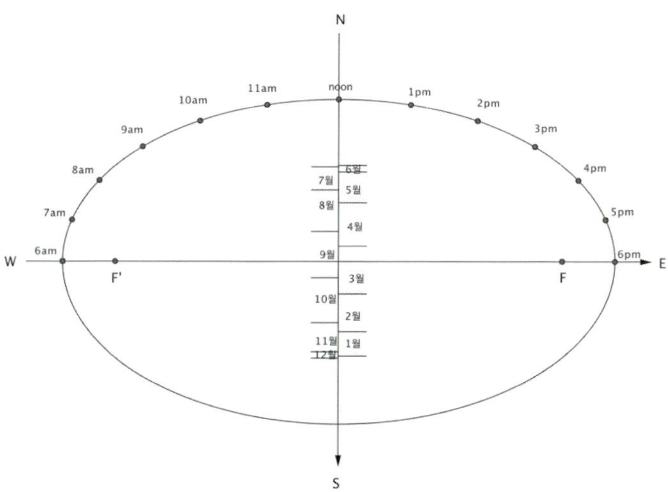


**그림 8-6** 아날레마 해시계 도안

# 아날레마 해시계 제작 측정

아날레마 해시계는 우리나라에도 몇 군데 제작 되어 있다. 대전에 있는 대전한국천문연구원에 큰 것으로 제작 되어 있다. 직접 방문 해 시간을 측정하여 보는 것도 좋을 듯하다.

그림 8-7 한국천문연구원(대전)에 있는 아날레마 해시계

그림 8-8 아날레마 해시계 시간 측정(장영실 동산, 부산)

Chapter 9

# 편각을 갖는 수직 해시계

# 편각을 갖는 수직 해시계
## 시간선과 계절선 작도

이 장에서의 편각delination은 3장에서 다루었던 지구 자기장과 지구 자전축과의 각을 의미하는 것이 아니라 수직벽에서 동서 방향과 벽의 방향과의 사잇각을 의미한다. 수직벽은 정남쪽 방향이 아닌 다른 방향으로도 설치할 수 있기 때문에 이에 대한 시간선과 계절선의 작도 방법을 알아보고자 한다.

노몬은 항상 북쪽 방향을 가리키고 있으며 수직벽과 노몬이 이루는 각을 높이 각style height을 $SH$로 정의한다. 또한 노몬을 수직벽에 정사영시킨 직선과 수직벽은 지평과 수직이며 수직벽에서 노몬의 점을 지나는 직선과 이루는 각인 거리각style distance을 $SD$이라고 정의한다. 시간의 수직벽의 위도를 $\phi$라고 하자. 이때 시간선들의 각인 $SD$를 구해야 한다. 노몬의 길이와 위도 그리고 태양의 시간각 $\tau$, 그리고 편각을 $d$로 나타내자.[그림 9-1]

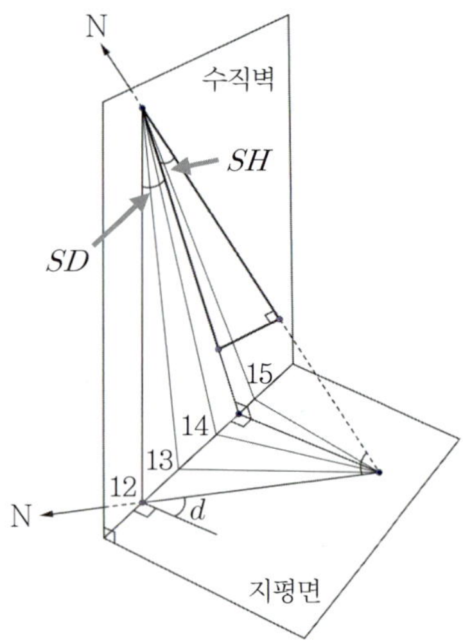


그림 9-1 편각을 갖는 수직벽

진태양시 12시가 되면 수직벽의 노몬의 그림자는 항상 지면과 수직이 된다. 그러면 높이각 $SH$와 거리각 $SD$를 어떻게 구하여야 할까?

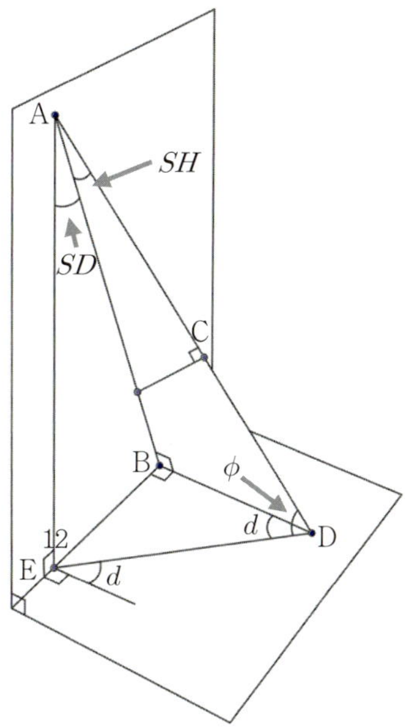


그림 9-2 편각, 높이각, 거리각과 위도 사이의 관계

[그림 9-2]에서

$$\tan SD = \frac{\overline{BE}}{\overline{AE}} = \frac{\overline{BE}}{\overline{DE}\tan\phi} = \frac{\sin d}{\tan\phi}$$

$$\sin SH = \frac{\overline{BD}}{\overline{AD}} = \frac{\overline{BD}}{\overline{DE}} \times \frac{\overline{DE}}{\overline{AD}} = \cos d \cos\phi$$

임을 알 수 있다. 따라서 높이각 SH과 거리각 SD는 위도 $\phi$와 편각 $d$에 의해서

$$\tan SD = \frac{\sin d}{\tan\phi},\quad \sin SH = \cos d \cos\phi \tag{9.1}$$

와 같이 구할 수 있다.

이제 시간선을 작도해 보도록 하자. 시간선의 작도는 앞에서 언급한 해시계들과 비슷하다. 적도 해시계의 시간선을 기준으로 15°씩 움직여 수직벽과 지평면이 만나는 지점을 연결해 작도할 수 있다. 약간의 차이점은 편각을 갖는 경우, 정 남쪽의 수직벽 대신 적도 해시계의 시반면에서 원의 시간원을 편각을 갖는 수직 해시계와 지평면이 만나는 교선에 접하도록 하는 것이다. 12시가 되면 노몬의 그림자가 수직벽에 지평면에 수직으로 그림자가 생기는 선이 12시가 되므로 이 12시 정오선과 적도 해시계 시반면의 중심을 연결한 선인 12시선이 기준이 되고, 이로부터 12시를 중심으로 15°씩 움직여 시간선을 그린다. 또 이 시간선과 편각을 갖는 수직벽과 지평면의 교선과 교점과 편각을 갖는 수직벽의 노몬의 점과 연결하면 그 선이 시간선이 된다.[그림 9-3]

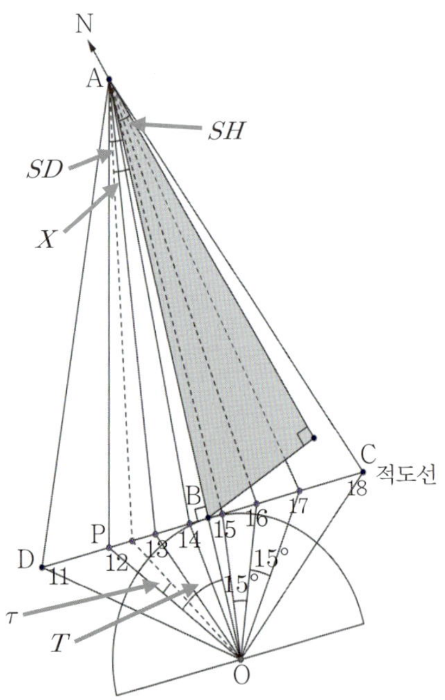


그림 9-3 편각을 갖는 수직형 해시계 시간각 작도

주의할 점은 $\overline{DC}$ 가 수직벽과 지평면이 만나는 선이 아니라, 모면에서 $\overline{AB}$ 에 수직인 직선 $\overline{DC}$ 는 적도선을 의미함을 이해해야 한다. 작도는 적도선을 작도한 후에 이를 중심으로 시간선을 작도하면 된다.

이제 시간각의 작도를 했으므로 수직벽 시간각 $X$과 거리각 $SD$, 고도각 $SH$, 위도 $\phi$ 그리고 태양 시간각 $\tau$ 사이의 관계식을 찾아보도록 하자.

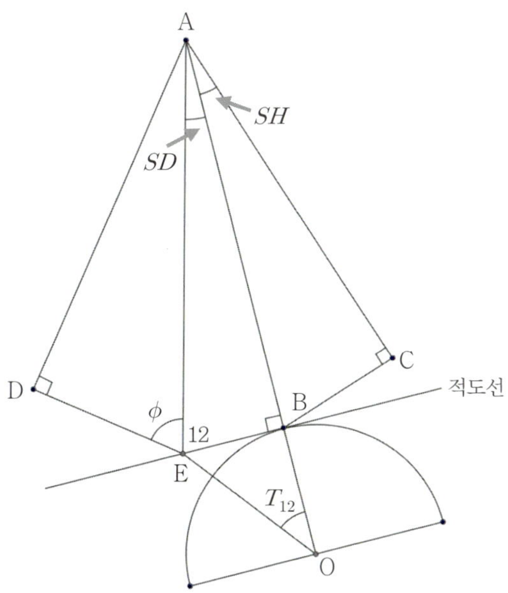


그림 9-4 편각을 갖는 수직벽의 시간각과 거리각, 고도각, 위도 사이의 관계

[그림 9-4]에서 노몬의 시간선과 12시 시간선의 각을 $T_{12}$라고 하고, 수직벽의 노몬을 중심으로 한 시간각을 $X$라고 하자. 또한, $\overline{OE} = \overline{DE}$가 되도록 한다. 그러면,

$$\sin T_{12} = \frac{\overline{BE}}{\overline{OE}} = \frac{\overline{AE}\sin SD}{\overline{OE}} = \frac{\overline{AE}\sin SD}{\overline{DE}} = \frac{\sin SD}{\cos\phi}$$

$$\sin T_{12} = \frac{\sin SD}{\cos\phi} \tag{9.2}$$

이고, 또한 $\overline{OB}=\overline{BC}$ 이므로,

$$\tan X = \frac{\overline{PB}}{\overline{AB}} = \frac{\overline{BC}}{\overline{AB}} \times \frac{\overline{PB}}{\overline{OB}} = \sin SH \tan(T-\tau)$$

$$\tan X = \sin SH \tan(T-\tau) \tag{9.3}$$

이다. 따라서 식 (9.3)의 관계식에 의해서 시간각을 측정할 수 있다.

이제 편각을 갖는 수직벽에 대한 계절선은 어떻게 그려야 할까? 옛날 유럽 사람들은 이를 해결하기 위해서 특별한 도구를 제작하였다.[그림 9-5]

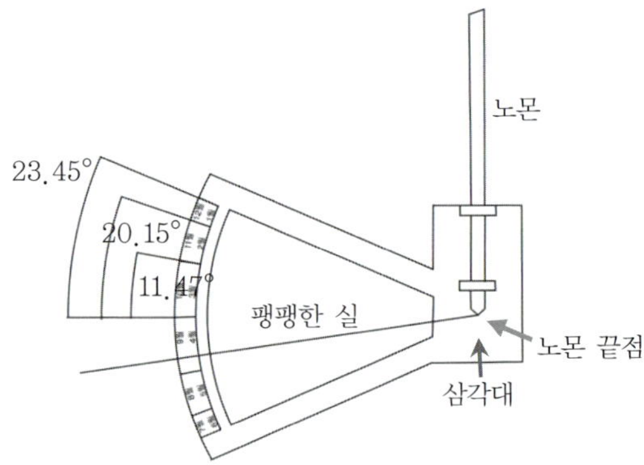


그림 9-5 편각을 갖는 수직벽의 계절선을 그리는 도구

[그림 9-5]에서 삼각대는 노몬 막대기를 중심으로 회전을 할 수 있게 만들고, 또한 노몬의 끝 점에 실을 연결을 하여 만들면 된다. 계절선을 그리기 위해서 실을 팽팽하게 하여 그 위치를 표시해 그리면 된다. 실을 수직이 되게 하면 춘분과 추분점을 지나는 직선의 형태의 선을 그릴 수 있고, 태양의 고도만큼 노몬 막대기로부터 수직인 선으로 부터 아래로 기울이면 하지 쪽으로 위쪽으로 기울이면 동지 쪽의 계절선을 그릴 수 있다. [그림 9-6] 이 계절선의 궤적은 쌍곡선인데 이를 수학적으로도 분석을 할 것이다.

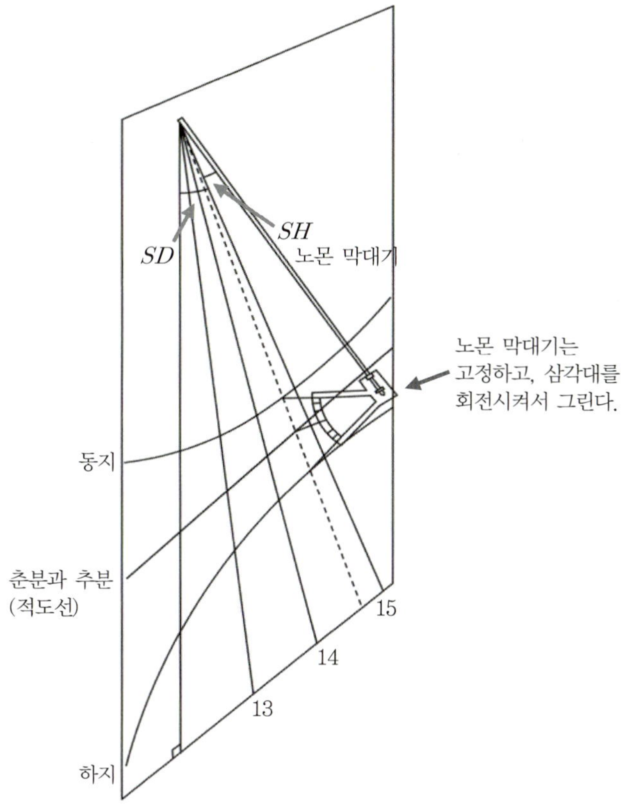


그림 9-6 계절선 그리기

# 삼각함수를 이용한 편각을 갖는 수직 해시계 노몬 그림자 궤적 분석

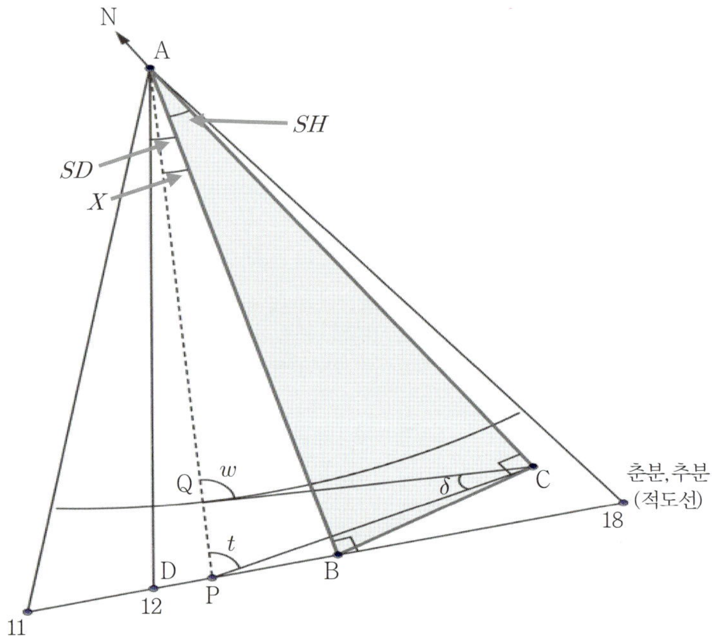


그림 9-7 편각을 갖는 수직 해시계 노몬 그림자 거리 구하기

춘분, 추분선(적도선)은 직선이다. [그림 9-7]은 계절선을 그리기 위한 노몬 막대기를 기준으로 그린 그림임을 상기하여야 한다. 태양의 적위가 $\delta$일 때의 그림자의 위치는 점 Q이고 춘분과 추분일 때의 태양의

적위는 0이고, 그 그림자의 위치는 P이다. 주의할 것은 점 P, B, C는 같은 적도면에 있다. 또한 노몬 막대기에서 수직으로 그림자선을 그리므로 $\overline{PC} \perp \overline{AC}$이다. 태양의 적위가 $\delta$일 때에서는 기하학과 삼각함수 분석이므로 동지쪽으로의 적위도 $\delta$로 보아야 한다.[그림 9-7] 따라서 $\angle PCQ = \delta$이다. 그리고 $\angle AQC = w$, $\angle APC = t$이라고 하자. 그리고 거리각 $SD$, 고도각을 $SH$라 하고, 시간각 $X$는 편각을 갖는 수직벽의 노몬의 정사된 $\overline{AB}$와 시간선 $\overline{AP}$의 각이다.

따라서

$$\overline{AC} = \overline{AB}\cos SH \tag{9.4}$$

$$\overline{AP} = \frac{\overline{AB}}{\cos X} \tag{9.5}$$

이다. $\overline{PC} \perp \overline{AC}$이므로

$$\sin t = \frac{\overline{AC}}{\overline{AP}} \tag{9.6}$$

식 (9.4)과 식 (9.5)을 식 (9.6)에 대입하여 정리하면,

$$\sin t = \frac{\overline{AC}}{\overline{AP}} = \frac{\overline{AC}}{\overline{AB}}\cos X = \cos SH \cos X$$

$$\sin t = \cos SH \cos X \tag{9.7}$$

이다. 따라서 역함수를 취하여 정리하면,

$$t = \sin^{-1}(\cos SH \cos X) \tag{9.8}$$

이다.

또한 삼각형 CDQ에서

$$w = \delta + t \tag{9.9}$$

이므로 식 (9.8)를 식 (9.9)에 대입하면,

$$w=\delta+\sin^{-1}(\cos SH\cos X) \tag{9.10}$$

이고, 삼각형 AQC 에서 사인법칙을 적용하면,

$$\frac{\overline{\mathrm{AQ}}}{\sin(90^{\circ}-\delta)}=\frac{\overline{\mathrm{AC}}}{\sin w}$$

$$\overline{\mathrm{AQ}}=\frac{\overline{\mathrm{AC}}\cos\delta}{\sin\left(\delta+\sin^{-1}(\cos SH\cos X)\right)} \tag{9.11}$$

이다.

우리는 여기서 시간각과 노몬의 끝점으로부터 거리를 알아보았다. 이를 다시 정리하면 노몬의 길이를 $L$이라고 하고, 시간각을 $X$라 하고, 수직벽의 노몬과 만나는 점을 중심으로 그림자 거리를 $R$이라고 하면, $R=\overline{\mathrm{AQ}}$ 이다. 그러면, 아래와 같은 극좌표계의 방정식으로 표현이 가능하다. 식 (9.3)과 식 (9.11)에 의해서

$$X=\tan^{-1}(\sin SH\tan(T-\tau)) \tag{9.12}$$

$$R=\frac{L\cos\delta}{\sin\left(\delta+\sin^{-1}(\cos SH\cos X)\right)} \tag{9.13}$$

와 같이 극 좌표계의 형태로 편각을 갖는 수직벽에서 노몬의 그림자 궤적을 나타낼 수 있다.

# 극 방정식을 이용한 편각을 갖는 수직 해시계 노몬 그림자의 궤적 분석

식 (9.12)과 식 (9.13)의 극 방정식의 표현에서 이 방정식을 직교 좌표계로 나타내어 쌍곡선이 됨을 보일 것이다.

수직벽과 노몬과의 교점을 원점이라고 하고, 노몬의 그림자의 위치를 $(x, y)$라고 하면,

$$\tan X = \frac{y}{x} \tag{9.14}$$

이고, $\sin X$와 $\cos X$를 구하면,

$$\sin X = \frac{y}{\sqrt{x^2+y^2}}, \quad \cos X = \frac{x}{\sqrt{x^2+y^2}} \tag{9.15}$$

또한 식 (9.7)을 이용하여 $\cos t$를 구하면,

$$\cos t = \sqrt{1-\cos^2 SH \cos^2 X} \tag{9.16}$$

임을 알 수 있다. 식 (9.15)을 식 (9.7)과 (9.16)에 대입하면

$$\sin t = \cos SH \cos X = \cos SH \cdot \frac{x}{\sqrt{x^2+y^2}}$$

$$\sin t = \cos SH \cdot \frac{x}{\sqrt{x^2+y^2}} \tag{9.17}$$

$$\cos t = \sqrt{1-\cos^2 SH \cos^2 X} = \sqrt{1-\cos^2 SH \cdot \frac{x^2}{x^2+y^2}}$$

$$= \frac{\sqrt{x^2+y^2-(\cos^2 SH)x^2}}{\sqrt{x^2+y^2}} = \frac{\sqrt{(1-\cos^2 SH)x^2+y^2}}{\sqrt{x^2+y^2}}$$

$$= \frac{\sqrt{(\sin^2 SH)x^2+y^2}}{\sqrt{x^2+y^2}}$$

$$\cos t = \frac{\sqrt{(\sin^2 SH)x^2+y^2}}{\sqrt{x^2+y^2}} \tag{9.18}$$

이다.

극 방정식의 정의에 의해서

$$R = \sqrt{x^2+y^2} \tag{9.19}$$

이고,

$$R = \frac{L\cos\delta}{\sin\left(\delta+\sin^{-1}(\cos SH \cos X)\right)}$$

$$= \frac{L\cos\delta}{\sin(\delta+t)}$$

$$= \frac{L\cos\delta}{\sin\delta\cos t+\cos\delta\sin t}$$

$$R = \frac{L\cos\delta}{\sin\delta\cos t+\cos\delta\sin t} \tag{9.20}$$

으로 나타낼 수 있다.

식 (9.19)을 식 식 (9.20)에 대입하면,

$$\sqrt{x^2+y^2} = \frac{L\cos\delta}{\sin\delta\cos t+\cos\delta\sin t} \tag{9.21}$$

이다. 그리고, 식 (9.17)과 식 (9.18)을 식 (9.21)에 대입하여 정리를 하자.

$$
\begin{aligned}
(\text{우변}) &= \frac{L\cos\delta}{\sin\delta\cos t + \cos\delta\sin t} \\
&= \frac{L}{\tan\delta\cos t + \sin t} \\
&= \frac{L}{\dfrac{\tan\delta\sqrt{x^2\sin^2 SH + y^2}}{\sqrt{x^2+y^2}} + \dfrac{x\cos SH}{\sqrt{x^2+y^2}}} \\
&= \frac{L\sqrt{x^2+y^2}}{\tan\delta\sqrt{x^2\sin^2 SH + y^2} + x\cos SH}
\end{aligned}
$$

이고, 식 (9.21)을 다시 정리하면,

$$
\sqrt{x^2+y^2} = \frac{L\sqrt{x^2+y^2}}{\tan\delta\sqrt{x^2\sin^2 SH + y^2} + x\cos SH} \tag{9.22}
$$

이다. 식 (9.22)의 양변을 $\sqrt{x^2+y^2}$ 으로 나누고 정리를 하면,

$$
\tan\delta\sqrt{x^2\sin^2 SH + y^2} + x\cos SH = L
$$

$$
\tan\delta\sqrt{x^2\sin^2 SH + y^2} = L - x\cos SH \tag{9.23}
$$

이다.

식 (9.23)을 양변 제곱을 하여 정리하면,

$$
\tan^2\delta(x^2\sin^2 SH + y^2) = x^2\cos^2 SH - 2xL\cos SH + L^2
$$

$$
(\cos^2 SH - \sin^2 SH\tan^2\delta)x^2 - (2L\cos SH)x - y^2\tan^2\delta = -L^2
$$

$$
\begin{aligned}
&(\cos^2 SH - \sin^2 SH\tan^2\delta)\left(x - \frac{L\cos SH}{\cos^2 SH - \sin^2 SH\tan^2\delta}\right)^2 - y^2\tan^2\delta \\
&= \frac{L^2\cos^2 SH}{\cos^2 SH - \sin^2 SH\tan^2\delta} - L^2
\end{aligned}
$$

$$(\cos^2 SH - \sin^2 SH \tan^2 \delta)\left(x - \frac{L\cos SH}{\cos^2 SH - \sin^2 SH \tan^2 \delta}\right)^2 - y^2 \tan^2 \delta$$

$$= -\frac{L^2(\sin^2 SH \tan^2 \delta)}{\cos^2 SH - \sin^2 SH \tan^2 \delta} \tag{9.24}$$

식 (9.24)의 양변을 $\frac{L^2(\sin^2 SH \tan^2 \delta)}{\cos^2 SH - \sin^2 SH \tan^2 \delta}$ 으로 나누면,

$$\frac{(x-c)^2}{a^2} - \frac{y^2}{b^2} = -1$$

$$\left(\text{단, } a = \frac{L\sin SH \tan \delta}{\cos^2 SH - \sin^2 SH \tan^2 \delta},\ b = \frac{L\sin SH}{\sqrt{\cos^2 SH - \sin^2 SH \tan^2 \delta}},\ c = \frac{L\cos SH}{\cos^2 SH - \sin^2 SH \tan^2 \delta}\right) \tag{9.29}$$

이다. 식 (9.29)는 쌍곡선 방정식임을 알 수 있다.

극 방정식을 직교 좌표계로 나타내는 약간 어려운 과정을 거쳐서 왔으나 역시 쌍곡선임을 알 수 있었다.

Chapter 10

# 편각과 경사각을 갖는 해시계

# 편각과 경사각을 갖는 해시계에서 노몬 그림자 궤적 분석

이제 우리는 벡터 방정식을 이용하여 편각declination과 경사각inclination을 갖는 수직 해시계의 노몬 그림자 궤적의 방정식을 찾으려고 한다. 시반면을 회전 시켜 나타내려면, 처음 시반면의 좌표계의 $x$축은 남쪽을 향하고, 시반면 좌표계에서의 $z$축으로 오른손 법칙으로 회전시킨 편각을 $\theta_{dec}$라 하고, $y$축으로 오른손 법칙에 의해서 회전시킨 경사각을 $\theta_{inc}$이라고 하자. 지평 좌표계에서의 태양의 위치의 방향 단위 벡터 $\overrightarrow{u_h}$라고 하고, 시반면을 편각 $\theta_{dec}$와 경사각 $\theta_{inc}$ 만큼 회전 시킨 시반면에서의 태양의 방향 단위 벡터를 $\overrightarrow{u_d}$이라고 하자.

또한 일반적인 평면에서는 노몬을 위도만큼 기울이는 것이 아니라 시반면에 수직인 노몬을 이용해 구하려고 한다. 편각과 경사각으로 회전된 시반면의 노몬의 끝의 벡터를 $\overrightarrow{v_d}$이라고 하자.

그러면 지평 좌표계에서의 태양 빛의 방향 단위 벡터는 식 (6.2)에 의해서

$$\overrightarrow{u_h} = (\cos a \cos A, \cos a \sin A, \sin a) \tag{10.1}$$

이다. 또한 지평 좌표계의 좌표계를 $(x, y, z)$라고 하고 지평과 평행한 시반면을 편각 $\theta_{dec}$과 경사각 $\theta_{inc}$ 만큼 회전 시킨 시반면의 좌표계를 $(x', y', z')$이라고 하자. 그러면,

$$\begin{pmatrix} x' \\ y' \\ z' \end{pmatrix} = R_y(\theta_{dec}) R_z(\theta_{inc}) \begin{pmatrix} x \\ y \\ z \end{pmatrix} \tag{10.2}$$

이고, $z$축으로 $\theta_{dec}$만큼, $y$축으로 $\theta_{inc}$만큼 회전시킨 회전변환은

$$R_y(\theta_{inc}) R_z(\theta_{dec}) = \begin{pmatrix} \cos\theta_{inc} & 0 & -\sin\theta_{inc} \\ 0 & 1 & 0 \\ \sin\theta_{inc} & 0 & \cos\theta_{\mathrm{inc}} \end{pmatrix} \begin{pmatrix} \cos\theta_{dec} & \sin\theta_{dec} & 0 \\ -\sin\theta_{dec} & \cos\theta_{dec} & 0 \\ 0 & 0 & 1 \end{pmatrix} \tag{10.3}$$

이다. 따라서 편각과 경사각으로 회전된 시반면의 태양 방향 단위 벡터 $\overrightarrow{u_d}$와 지평 좌표계에서 태양 방향 단위 벡터 $\overrightarrow{u_h}$ 사이에는

$$\overrightarrow{u_d}^T = \begin{pmatrix} \cos\theta_{inc} & 0 & -\sin\theta_{inc} \\ 0 & 1 & 0 \\ \sin\theta_{inc} & 0 & \cos\theta_{\mathrm{inc}} \end{pmatrix} \begin{pmatrix} \cos\theta_{dec} & \sin\theta_{dec} & 0 \\ -\sin\theta_{dec} & \cos\theta_{dec} & 0 \\ 0 & 0 & 1 \end{pmatrix} \overrightarrow{u_h}^T \tag{10.4}$$

이 성립하고, 식 (10.4)를 계산해 보면

$$\overrightarrow{u_d}^T = \begin{pmatrix} \begin{matrix} \cos\theta_{inc}\cos\theta_{dec}\cos\delta(\cos\tau\sin\phi - \tan\delta\cos\phi) \\ + \cos\theta_{inc}\sin\theta_{dec}\cos\delta\sin\tau \\ - \sin\theta_{inc}\cos\delta(\cos\tau\cos\phi + \tan\delta\sin\phi) \end{matrix} \\ \\ -\sin\theta_{dec}\cos\delta(\cos\tau\sin\phi - \tan\delta\cos\phi) + \cos\theta_{dec}\cos\delta\sin\tau \\ \\ \begin{matrix} \sin\theta_{inc}\cos\theta_{dec}\cos\delta(\cos\tau\sin\phi - \tan\delta\cos\phi) \\ + \sin\theta_{inc}\sin\theta_{dec}\cos\delta\sin\tau \\ + \cos\theta_{inc}\cos\delta(\cos\tau\cos\phi + \tan\delta\sin\phi) \end{matrix} \end{pmatrix} \tag{10.5}$$

이다.

노몬의 벡터 $\overrightarrow{v_d}$를

$$\overrightarrow{v_d} = (x_n, y_n, z_n)$$

이라 하면, 시반면의 $(x_n, y_n, 0)$에서 시반면에 수직 방향으로 $z_n$ 만큼의 크기인 노몬의 끝 점이 위치한다. 이제 태양 빛이 노몬의 끝 $\overrightarrow{v_d}$을 지나고 태양 단위 방향벡터 $\overrightarrow{u_d}$에 평행한 직선 $\overrightarrow{s_d}$를 벡터 방정식으로 나타내면,

$$\overrightarrow{s_d} = \overrightarrow{v_d} + \lambda\overrightarrow{u_d} \quad (\lambda\text{는 상수}) \tag{10.6}$$

이고, 이 직선이 시반면과 만나는 점을 구해야 하는데 그 점을 P 라 하고, 그 벡터를 $\overrightarrow{p_d}$라 하고, 시반면의 $z$ 축의 단위 벡터를

$$\overrightarrow{e_{z_d}} = (0, 0, 1)$$

이라고 하면, $\overrightarrow{s_d}$와 $\overrightarrow{p_d}$는 수직이 되어

$$\overrightarrow{s_d} \cdot \overrightarrow{e_{z_d}} = 0$$

이다. 따라서 식 (10.6)에 $\overrightarrow{p_d}$를 양변에 내적을 하면,

$$\overrightarrow{s_d} \cdot \overrightarrow{e_{z_d}} = \left(\overrightarrow{v_d} + \lambda\overrightarrow{u_d}\right) \cdot \overrightarrow{e_{z_d}}$$

$$\lambda = -\frac{\overrightarrow{v_d} \cdot \overrightarrow{e_{z_d}}}{\overrightarrow{u_d} \cdot \overrightarrow{e_{z_d}}} = -\frac{z_n}{D\cos\delta} \tag{10.7}$$

$$\begin{aligned}(\text{단, } D = {} & \sin\theta_{inc}\cos\theta_{dec}(\cos\tau\sin\phi - \tan\delta\cos\phi) \\ & + \sin\theta_{inc}\sin\theta_{dec}\sin\tau \\ & + \cos\theta_{inc}(\cos\tau\cos\phi + \tan\delta\sin\phi))\end{aligned}$$

인 상수 $\lambda$를 구할 수 있다. 상수 $\lambda$를 식 (10.7)에 대입하면, $\overrightarrow{p_d} = \overrightarrow{s_d}$이 되어서

$$\begin{aligned}\overrightarrow{p_d} = \Big(x_n - \frac{z_n}{D}(&\cos\theta_{inc}\cos\theta_{dec}(\cos\tau\sin\phi - \tan\delta\cos\phi) \\ &+ \cos\theta_{inc}\sin\theta_{dec}\sin\tau - \sin\theta_{inc}(\cos\tau\cos\phi + \tan\delta\sin\phi)),\end{aligned}$$

$$y_n - \frac{z_n}{D}(-\sin\theta_{dec}(\cos\tau\sin\phi - \tan\delta\cos\phi) + \cos\theta_{dec}\sin\tau), 0\Big)$$

(10.8)

$$(\text{단, } D = \sin\theta_{inc}\cos\theta_{dec}(\cos\tau\sin\phi - \tan\delta\cos\phi)$$
$$+ \sin\theta_{inc}\sin\theta_{dec}\sin\tau$$
$$+ \cos\theta_{inc}(\cos\tau\cos\phi + \tan\delta\sin\phi))$$

이다.

따라서 점 $P(x_d, y_d, 0)$는

$$x_d = x_n - \frac{z_n}{D}(\cos\theta_{inc}\cos\theta_{dec}(\cos\tau\sin\phi - \tan\delta\cos\phi)) \quad (10.9)$$

$$y_d = y_n - \frac{z_n}{D}(-\sin\theta_{dec}(\cos\tau\sin\phi - \tan\delta\cos\phi) + \cos\theta_{dec}\sin\tau)$$

(10.10)

이다. 이 좌표는 관측자가 위치한 위도 $\phi$에서 편각 $\theta_{dec}$과 경사각 $\theta_{inc}$을 갖는 시반면에 태양의 시간각 $\tau$에 대해 매개변수 방정식으로 나타내어져 있다.

시간선은 어느 한 점을 중심으로 회전을 하면서 시간을 표시하는데 그 중심이 되는 점을 '시간 중심'이라고 한다. 예를 들어 적도 해시계의 시반면의 시간이 표시된 원의 중심 즉, 노몬이 시반면과 만나는 점이 시간 중심이다.

이제 시간각과 시간선의 기준이 되는 시간중심 $(x_c, y_c, 0)$를 구하여 보도록 하자. 시간 중심은 시간이 고정되어 있다고 보고, $|\tan\delta|$를 무한대로 보내면 이 극한값이 시간 중심이 된다. 따라서 식 (10.9)과 식 (10.10)에서 $\delta$를 $\frac{\pi}{2}$로 좌극한값을 구하면,

$$x_c = \lim_{\delta \to \frac{\pi}{2} - 0} \left( x_n - \frac{z_n}{D} (\cos\theta_{inc}\cos\theta_{dec}(\cos\tau\sin\phi - \tan\delta\cos\phi)) \right)$$

$$= x_n - z_n \cdot \frac{\cos\theta_{inc}\cos\theta_{dec}\cos\phi + \sin\theta_{inc}\sin\phi}{\sin\theta_{inc}\cos\theta_{dec}\cos\phi - \cos\theta_{inc}\sin\phi} \tag{10.11}$$

$y_c$

$$= \lim_{\delta \to \frac{\pi}{2} - 0} \left( y_n - \frac{z_n}{D} (-\sin\theta_{dec}(\cos\tau\sin\phi - \tan\delta\cos\phi) + \cos\theta_{dec}\sin\tau) \right)$$

$$= y_n + z_n \cdot \frac{\sin\theta_{inc}\cos\phi}{\sin\theta_{inc}\cos\theta_{dec}\cos\phi - \cos\theta_{inc}\sin\phi} \tag{10.12}$$

이다. 따라서 시간중심은 식 (10.11)과 식 (10.12)에서

$$(x_c, y_c, 0) = \left( x_n - z_n \cdot \frac{\cos\theta_{inc}\cos\theta_{dec}\cos\phi + \sin\theta_{inc}\sin\phi}{\sin\theta_{inc}\cos\theta_{dec}\cos\phi - \cos\theta_{inc}\sin\phi}, \; y_n + z_n \cdot \frac{\sin\theta_{inc}\cos\phi}{\sin\theta_{inc}\cos\theta_{dec}\cos\phi - \cos\theta_{inc}\sin\phi}, 0 \right) \tag{10.13}$$

이다. 이제 시간각을 구해야 한다. 시간각을 $\theta$라고 하면 노몬의 자취와 시간중심의 기울기가 시간각이므로

$$\tan\theta = \frac{x - x_c}{y - y_c} \tag{10.14}$$

이다. 식 (10.9), 식 (10.10), 식 (10.11)과 식 (10.12)을 식 (10.14)에 대입해 정리를 하면,

$\tan\theta$

$$= \frac{-\sin\theta_{dec}\cos\theta_{inc} + \cos\theta_{dec}\tan\tau\cos\theta_{inc}\sin\phi - \tan\tau\sin\theta_{inc}\cos\phi}{\cos\theta_{dec} + \sin\theta_{dec}\tan\tau\sin\phi} \tag{10.15}$$

이다.

# 수평 해시계의 노몬 그림자 궤적

우리는 앞 절에서 편각과 경사각을 갖는 일반적인 해시계의 노몬 그림자 궤적의 자취를 벡터 방정식을 이용해 분석을 했다. 이렇게 분석한 궤적을 통해 수평 해시계의 궤적을 찾아보려 한다.

수평 해시계가 되려면 편각 $\theta_{dec} = 0°$ 이고, 경사각 $\theta_{inc} = 0°$ 이 되어야 한다. 시반면 노몬의 위치를 $x_n = 0$, $y_n = 0$ 에서 수직 방향으로 $z_n$ 만큼 크기의 노몬이 있다고 하자. 시반면의 태양 방향 단위 벡터 $\overrightarrow{u_d} = \overrightarrow{u_h}$ 와 같으므로

$$\overrightarrow{u_d} = (\cos\delta(\cos\tau\sin\phi - \tan\delta\cos\phi),$$
$$\cos\delta\sin\tau,\ \cos\delta(\cos\tau\cos\phi + \tan\delta\sin\phi))$$

이고, 노몬 벡터 $\overrightarrow{v_d}$ 는

$$\overrightarrow{v_d} = (0, 0, z_n)$$

이 된다. 태양 빛의 직선 벡터 $\overrightarrow{s_d}$ 는

$$\overrightarrow{s_d} = \overrightarrow{v_d} + \lambda\overrightarrow{u_d} \ (\text{단, } \lambda\text{는 상수}) \tag{10.16}$$

이고, $z$ 축의 단위 벡터 $\overrightarrow{e_{z_d}} = (0, 0, 1)$ 이므로 태양 빛의 벡터 $\overrightarrow{s_d}$ 가 시반면과 만나는 점의 벡터를 $\overrightarrow{p_d}$ 라 하면, $\overrightarrow{s_d}$ 와 $\overrightarrow{e_{z_d}}$ 가 수직이 되는 $\lambda$ 을 찾으

면 된다.

따라서 $\overrightarrow{s_d}$와 $\overrightarrow{e_{z_d}}$이 수직이므로 식 (10.16)의 양변에 $\overrightarrow{e_{z_d}}$를 내적을 하면,

$$0=\overrightarrow{s_d}\cdot\overrightarrow{e_{z_d}}=\overrightarrow{v_n}\cdot\overrightarrow{e_{z_d}}+\lambda\overrightarrow{u_d}\cdot\overrightarrow{e_{z_d}}$$

$$\lambda=-\frac{\overrightarrow{v_d}\cdot\overrightarrow{e_{z_d}}}{\overrightarrow{u_d}\cdot\overrightarrow{e_{z_d}}}=-\frac{z_n}{D\cos\delta}$$

$$(\text{단, } D=\cos\tau\cos\phi+\tan\delta\sin\phi) \tag{10.17}$$

으로 식 (10.17)를 식 (10.16)에 대입하면 $\overrightarrow{p_d}=\overrightarrow{s_d}$가되어

$$\overrightarrow{p_d}=\left(-z_n\cdot\frac{\cos\tau\sin\phi-\tan\delta\cos\phi}{D},-z_n\cdot\frac{\sin\tau}{D},0\right) \tag{10.18}$$

으로 점 P 의 $x$성분과 $y$성분은 매개변수 방정식의 표현으로

$$x=-z_n\cdot\frac{\cos\tau\sin\phi-\tan\delta\cos\phi}{D} \tag{10.19}$$

$$y=-z_n\cdot\frac{\sin\tau}{D} \tag{10.20}$$

$$(\text{단, } D=\cos\tau\cos\phi+\tan\delta\sin\phi)$$

과 나타낼 수 있다. 노몬의 그림자가 움직이는 궤적의 매개변수 방정식은

$$\mathrm{P}\left(-z_n\cdot\frac{\cos\tau\sin\phi-\tan\delta\cos\phi}{D},-z_n\cdot\frac{\sin\tau}{D},0\right) \tag{10.21}$$

이제 시간중심을 구해 보자. 시간 중심을 식 (10.18)에서 $|\tan\delta|$를 무한대로 보낸 적위선의 극한값이 시간의 중심 $(x_c, y_c, 0)$이므로 이를 계산하면,

$$x_c=z_n\cot\phi,\ \ y_n=0$$

이어서 시간 중심은

$$(x_c, y_c, 0) = (z_n \cot\phi, 0, 0) \tag{10.22}$$

이다. 시간각 $\theta$는 식 (10.18)와 식 (10.22)을 식 (10.15)에 적용하여 계산을 하면,

$$\tan\theta = \frac{y - y_c}{x - x_c} = \tan\tau \sin\phi$$

으로

$$\tan\theta = \tan\tau \sin\phi \tag{10.23}$$

이다. 이를 바탕으로 위도 36.34°(대전둔원고등학교)에서 $z_n = 50$으로 하고, 날수 $N=$ 81(춘분), 172(하지), 355(동지)와 태양 시간각 $\tau = -\frac{\pi}{2}, -\frac{5\pi}{12}, -\frac{\pi}{3}, -\frac{\pi}{4}, -\frac{\pi}{6}, -\frac{\pi}{12}, 0, \frac{\pi}{12}, \frac{\pi}{6}, \frac{\pi}{4}, \frac{\pi}{3}, \frac{5\pi}{12}, \frac{\pi}{2}$에 대하여 매개변수 방정식 식 (10.21)과 시간선은 식 (10.22)와 식 (10.23)에 의해서 시간중심으로 해서 시간선과 노몬 그림자의 궤적을 그리면 된다.[그림 10-1]

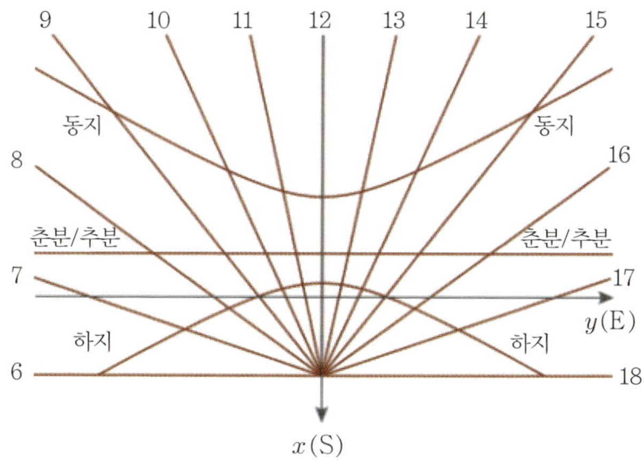


그림 10-1 벡터 방정식으로 계산한 수평 해시계의 시간선과 계절선

# 수직 해시계의 노몬 그림자 궤적

수직 해시계가 되려면 편각 $\theta_{dec}=0°$이고, 경사각 $\theta_{inc}=90°$이 되어야 한다. 시반면 노몬의 위치를 $x_n=0$, $y_n=0$ 에서 수직 방향으로 $z_n$ 만큼 크기의 노몬이 있다고 하자. 시반면의 태양 방향 단위 벡터 $\overrightarrow{u_d}$는 식 (10.5)에 $\theta_{dec}=0°$과 $\theta_{inc}=90°$을 대입해 구하면,

$$\overrightarrow{u_d}=(-\cos\delta(\cos\tau\cos\phi+\tan\delta\sin\phi),\quad \cos\delta\sin\tau,\ \cos\delta(\cos\tau\sin\phi-\tan\delta\cos\phi))$$

이고, 노몬 벡터 $\overrightarrow{v_d}$는

$$\overrightarrow{v_d}=(0,0,z_n)$$

이 된다. 태양 빛의 직선 벡터 $\overrightarrow{s_d}$는

$$\overrightarrow{s_d}=\overrightarrow{v_d}+\lambda\overrightarrow{u_d}\ (\text{단, }\lambda\text{는 상수}) \tag{10.24}$$

이고, $z$축의 단위 벡터 $\overrightarrow{e_{z_d}}=(0,0,1)$이므로 태양 빛의 벡터 $\overrightarrow{s_d}$가 시반면과 만나는 점의 벡터를 $\overrightarrow{p_d}$라 하면, $\overrightarrow{s_d}$와 $\overrightarrow{e_{z_d}}$가 수직이 되는 $\lambda$을 찾으면 된다.

따라서 $\overrightarrow{s_d}$와 $\overrightarrow{e_{z_d}}$이 수직이므로 식 (10.24)의 양변에 $\overrightarrow{e_{z_d}}$를 내적을 하면,

$$0 = \overrightarrow{s_d} \cdot \overrightarrow{e_{z_d}} = \overrightarrow{v_d} \cdot \overrightarrow{e_{z_d}} + \lambda \overrightarrow{u_d} \cdot \overrightarrow{e_{z_d}}$$

$$\lambda = -\frac{\overrightarrow{v_d} \cdot \overrightarrow{e_{z_d}}}{\overrightarrow{u_d} \cdot \overrightarrow{e_{z_d}}} = -\frac{z_n}{D\cos\delta}$$

$$(\text{단, } D = \cos\tau\sin\phi - \tan\delta\cos\phi) \qquad (10.25)$$

으로 식 (10.25)를 식 (10.24)에 대입하면 $\overrightarrow{p_d} = \overrightarrow{s_d}$가되어

$$\overrightarrow{p_d} = \left( z_n \cdot \frac{\cos\tau\cos\phi + \tan\delta\sin\phi}{D}, -z_n \cdot \frac{\sin\tau}{D}, 0 \right) \qquad (10.26)$$

으로 점 P의 $x$성분과 $y$성분으로 하여 매개변수 방정식

$$x = z_n \cdot \frac{\cos\tau\cos\phi + \tan\delta\sin\phi}{D}$$

$$y = -z_n \cdot \frac{\sin\tau}{D}$$

$$(\text{단, } D = \cos\tau\sin\phi - \tan\delta\cos\phi)$$

으로 나타낼 수 있다. 이제 시간중심을 구해 보자. 시간 중심을 식 (10.26)에서 $|\tan\delta|$를 무한대로 보낸 적위선의 극한값이 시간의 중심 $(x_c, y_c, 0)$이므로 이를 계산 하면,

$$x_c = -z_n\tan\phi, \quad y_n = 0$$

이어서 시간 중심은

$$(x_c, y_c, 0) = (-z_n\tan\phi, 0, 0) \qquad (10.27)$$

이다. 시간각 $\theta$는 식 (10.27)과 식 (10.26)에 의해 계산을 하면,

$$\tan\theta = \frac{y - y_c}{x - x_c} = -\tan\tau\cos\phi$$

으로

$$\tan\theta = -\tan\tau\cos\phi \tag{10.28}$$

이다.

이를 바탕으로 위도 36.34°(대전둔원고등학교)에서 $z_n = 50$으로 하고, 날수 $N=$ 81(춘분), 172(하지), 355(동지)와 태양 시간각 $\tau = -\frac{\pi}{2}$, $-\frac{5\pi}{12}$, $-\frac{\pi}{3}$, $-\frac{\pi}{4}$, $-\frac{\pi}{6}$, $-\frac{\pi}{12}$, 0, $\frac{\pi}{12}$, $\frac{\pi}{6}$, $\frac{\pi}{4}$, $\frac{\pi}{3}$, $\frac{5\pi}{12}$, $\frac{\pi}{2}$에 대하여 매개변수 방정식 식 (10.26)과 시간선은 식 (10.27)와 식 (10.28)에 의해서 시간중심으로 해서 시간선과 노몬 그림자의 궤적을 그리면 된다.[그림 10-2]

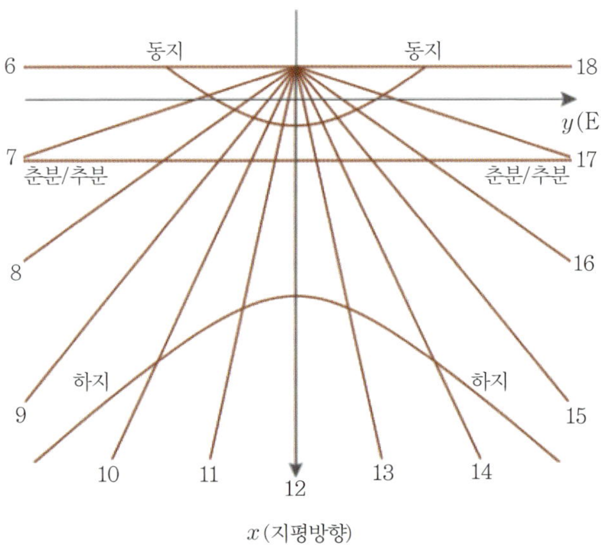


그림 10-2 수직 해시계의 시간선과 계절선

# 편각을 갖는 수직 해시계에서 노몬 그림자 궤적

편각을 갖는 수직 해시계가 되려면 편각 $\theta_{dec}$이고, 경사각 $\theta_{inc} = 90°$이 되어야 한다. 시반면 노몬의 위치를 $x_n = 0$, $y_n = 0$ 에서 수직 방향으로 $z_n$만큼 크기의 노몬이 있다고 하자. 시반면의 태양 방향단위벡터 $\overrightarrow{u_d}$는 식 (10.5)에 $\theta_{dec} = 0°$과 $\theta_{inc} = 90°$을 대입해 구하면,

$$\begin{aligned}\overrightarrow{u_d} = (&-\cos\delta(\cos\tau\cos\phi + \tan\delta\sin\phi),\\ &-\sin\theta_{dec}\cos\delta(\cos\tau\sin\phi - \tan\delta\cos\phi) + \cos\theta_{dec}\cos\delta\sin\tau,\\ &\cos\theta_{dec}\cos\delta(\cos\tau\sin\phi - \tan\delta\cos\phi) + \sin\theta_{dec}\cos\delta\sin\tau)\end{aligned}$$

이고, 노몬 벡터 $\overrightarrow{v_d}$는

$$\overrightarrow{v_d} = (0, 0, z_n)$$

이 된다. 태양 빛의 직선 벡터 $\overrightarrow{s_d}$는

$$\overrightarrow{s_d} = \overrightarrow{v_d} + \lambda\overrightarrow{u_d} \quad (\text{단, } \lambda\text{는 상수}) \tag{10.29}$$

이고, $z$축의 단위 벡터 $\overrightarrow{e_{z_d}} = (0, 0, 1)$이므로 태양 빛의 벡터 $\overrightarrow{s_d}$가 시반면과 만나는 점의 벡터를 $\overrightarrow{p_d}$라 하면, $\overrightarrow{s_d}$와 $\overrightarrow{e_{z_d}}$가 수직이 되는 $\lambda$을 찾으면 된다.

따라서 $\overrightarrow{s_d}$와 $\overrightarrow{e_{z_d}}$이 수직이므로 식 (10.29)의 양변에 $\overrightarrow{e_{z_d}}$를 내적을 하면,

$$0 = \overrightarrow{s_d} \cdot \overrightarrow{e_{z_d}} = \overrightarrow{v_d} \cdot \overrightarrow{e_{z_d}} + \lambda \overrightarrow{u_d} \cdot \overrightarrow{e_{z_d}}$$

$$\lambda = -\frac{\overrightarrow{v_d} \cdot \overrightarrow{e_{z_d}}}{\overrightarrow{u_d} \cdot \overrightarrow{e_{z_d}}} = -\frac{z_n}{D\cos\delta} \tag{10.30}$$

(단, $D = \cos\theta_{dec}(\cos\tau\sin\phi - \tan\delta\cos\phi) + \sin\theta_{dec}\sin\tau$)

으로 식 (10.30)를 식 (10.29)에 대입하면 $\overrightarrow{p_d} = \overrightarrow{s_d}$가되어

$$\overrightarrow{p_d} = \left(z_n \cdot \frac{\cos\tau\cos\phi + \tan\delta\sin\phi}{D},\right.$$
$$\left. z_n \cdot \frac{\sin\theta_{dec}(\cos\tau\sin\phi - \tan\delta\cos\phi) - \cos\theta_{dec}\sin\tau}{D}, 0\right) \tag{10.31}$$

으로 점 P의 $x$성분과 $y$성분은 매개변수 방정식의 표현으로

$$x = z_n \cdot \frac{\cos\tau\cos\phi + \tan\delta\sin\phi}{D}$$

$$y = z_n \cdot \frac{\sin\theta_{dec}(\cos\tau\sin\phi - \tan\delta\cos\phi) - \cos\theta_{dec}\sin\tau}{D}$$

(단, $D = \cos\tau\sin\phi - \tan\delta\cos\phi$)

와 같이 나타낼 수 있다. 이제 시간중심을 구하여 보자. 시간 중심을 식 (10.31)에서 $|\tan\delta|$를 무한대로 보낸 적위선의 극한값이 시간의 중심 $(x_c, y_c, 0)$이므로 이를 계산 하면,

$$x_c = -z_n \frac{\tan\phi}{\cos\theta_{dec}}, \quad y_n = z_n \tan\theta_{dec}$$

이어서 시간 중심은

$$(x_c, y_c, 0) = \left(-z_n \frac{\tan\phi}{\cos\theta_{dec}}, z_n\tan\theta_{dec}, 0\right) \tag{10.32}$$

이다. 시간각 $\theta$는 식 (10.31)와 식 (10.32)에서 구하면

$$\tan\theta = \frac{y - y_c}{x - x_c} = -\frac{\sin\tau\cos\phi}{\cos\theta_{dec}\cos\tau + \sin\phi\sin\theta_{dec}\sin\tau}$$

으로 이를 양변을 $\sin\tau$로 나누어 다시 정리하면,

$$\tan\theta = -\frac{\cos\phi}{\cos\theta_{dec}\cot\tau + \sin\phi\sin\theta_{dec}} \quad (10.34)$$

이다. 이를 바탕으로 그래프를 그려보면 아래와 같이 그릴 수 있다.

위도 36.34°(대전둔원고등학교)에서 $z_n = 50$, $\theta_{dec} = -15°$(대전둔원고등학교 강당 벽), 날수 $N =$ 81(춘분), 172(하지), 355(동지)와 태양 시간각 $\tau = -\frac{\pi}{2}, -\frac{5\pi}{12}, -\frac{\pi}{3}, -\frac{\pi}{4}, -\frac{\pi}{6}, -\frac{\pi}{12}, 0, \frac{\pi}{12}, \frac{\pi}{6}, \frac{\pi}{4}, \frac{\pi}{3}, \frac{5\pi}{12}, \frac{\pi}{2}$에 대해 매개변수 방정식 식 (10.31)과 시간선은 식 (10.32)와 식 (10.34)에 의해서 시간중심으로 시간선과 노몬 그림자의 궤적을 그리면 된다.[그림 10-3]

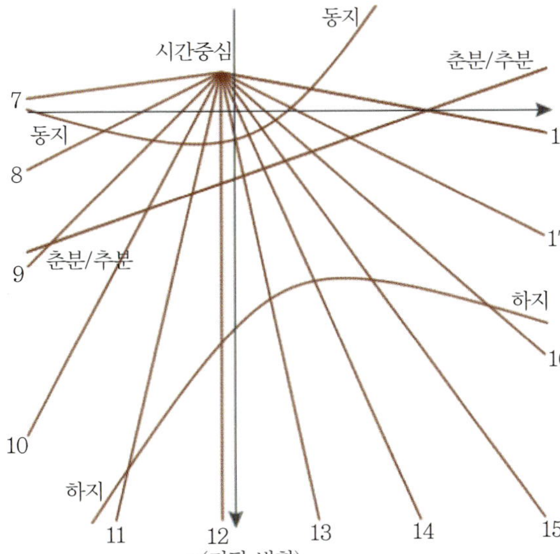


그림 10-3 편각을 갖는 수직 해시계의 시간선과 계절선

# 편각과 경사각을 갖는 해시계 노몬 그림자 궤적

편각과 경사각에 의해서 기울어져 있는 시반면의 해시계는 Thibaud Taudin-Chabot(Thibaud Taudin-Chabot, "A Transparent Window dial" NASS Compendium, Vol. 1, No1, p.6, August 1994.)와 Fred Sawyer(Fred Sawyer, "A stained Glass Diptych Pattern" NASS Compendium, Vol. 1, No1, pp.6-8, August 1994.)가 처음 시도하였다.

편각과 경사각이 각 각 $\theta_{dec}=45°$, $\theta_{inc}=45°$ 벽의 그림자 즉 남동쪽으로 45°와 경사각 45°벽의 그림자의 궤적을 계산해 하여 보도록 하자.

위의 절에서 하였던 같은 방법으로 시반면 노몬의 위치를 $x_n=0$, $y_n=0$에서 수직 방향으로 $z_n$만큼 크기의 노몬이 있다고 하고, $\theta_{dec}=45°$, $\theta_{inc}=45°$인 시반면의 노몬의 자취를 계산을 하면,

$$x=-z_n\cdot \frac{\cos\tau\sin\phi-\tan\delta\cos\phi+\sin\tau-\sqrt{2}(\cos\tau\cos\phi+\tan\delta\sin\phi)}{D}$$

$$y=\sqrt{2}\,z_n\cdot\frac{\cos\tau\sin\phi-\tan\delta\cos\phi+\sin\tau}{D}$$

(단, $D=\cos\tau\sin\phi-\tan\delta\cos\phi+\sin\tau+\sqrt{2}(\cos\tau\cos\phi+\tan\delta\sin\phi)$)

이고, 시간중심은

$$x_c = z_n \frac{\cos\phi + \sqrt{2}\sin\phi}{-\cos\phi + \sqrt{2}\,sin\phi}$$

$$y_c = -z_n \cdot \frac{\sqrt{2}\cos\phi}{-\cos\phi + \sqrt{2}\sin\phi}$$

이며 시간각 $\theta$ 는

$$\tan\theta = -\frac{1}{2} \cdot \frac{\sqrt{2}\cos\tau + 2\sin\tau s cos\phi - \sqrt{2}\,sin\tau\sin\phi}{\cos\tau + \sin\tau\sin\phi}$$

을 만족한다.

이를 바탕으로 위도 36.34°(대전둔원고등학교)에서 $z_n = 50$, $\theta_{dec} = 45°$, $\theta_{inc} = 45°$, 날수 $N=$ 81(춘분), 172(하지), 355(동지)와 태양 시간각 $\tau = -\frac{\pi}{2}, -\frac{5\pi}{12}, -\frac{\pi}{3}, -\frac{\pi}{4}, -\frac{\pi}{6}, -\frac{\pi}{12}, 0, \frac{\pi}{12}, \frac{\pi}{6}, \frac{\pi}{4}, \frac{\pi}{3}, \frac{5\pi}{12}$, $\frac{\pi}{2}$에 대하여 매개변수 방정식 식 (10.31)과 시간선은 식 (10.32)와 식 (10.34)에 의해서 시간중심으로 해서 시간선과 노몬 그림자의 궤적을 그리면 된다.[그림 10-4]

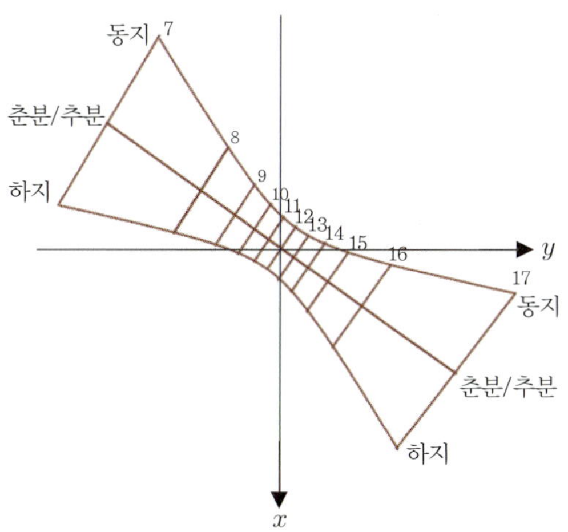


그림 10-4 편각과 경사각이 모두 45°인 시반면의 해시계 시간선과 계절선

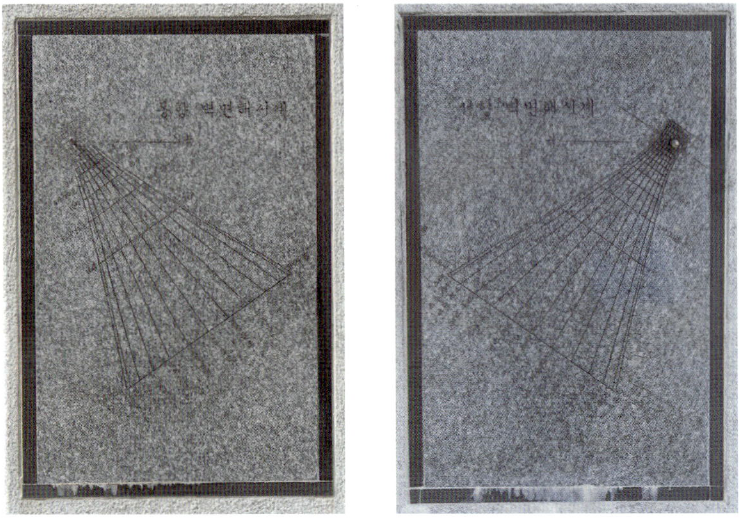

그림 10-5 동향 벽면해시계, 서향 벽면 해시계(장영실 동산, 부산)

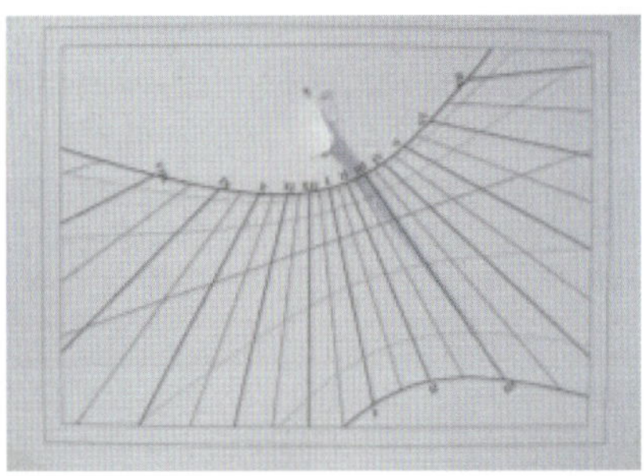

그림 10-6 편각을 갖는 수직형 해시계 측정

그림 10-7 대전둔원고등학교 강당에 설치된 편각(SW 15°)을 갖는 수직형 해시계

Chapter 11

# 구 해시계

# 구 해시계

평면이 아닌 면에 처음으로 해시계를 구현한 것이 아마 구 해시계일 것이다. 세종대왕 때 만들어진 앙부일구도 구 해시계의 한 종류이다. 구 해시계는 그림자의 궤적이 구를 따라 원의 궤적을 그리기 때문에 매우 단순하지만 작도를 하기가 쉬운 일이 아니다. 조선시대의 기술로 그 선을 그렸다는 점이 매우 놀라운 뿐이다.

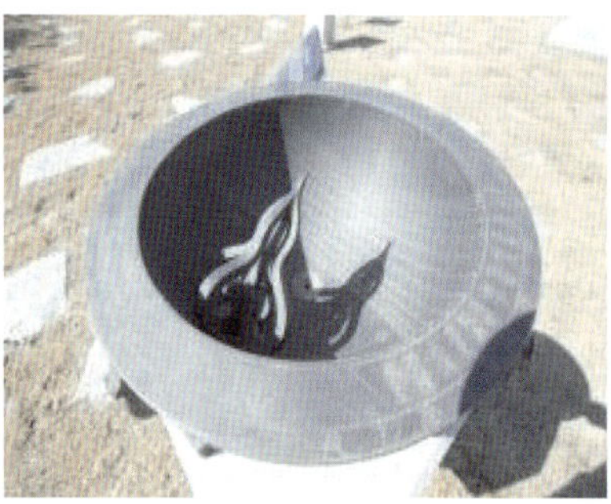

앙부일구 해시계(한국천문연구원, 대전)

앙부일구 해시계(장영실 동산, 부산)

그림 11-1 조선시대 구 해시계

세종대왕 때에 장영실이 만들었던 앙부일구의 노몬도 구의 중심에 노몬의 끝이 와 있고, 구 해시계도 구의 중심에 노몬 끝이 위치하고, 노몬은 지구자전축과 평행하게 되어 있다.

# 앙부일구 해시계의 벡터 방정식 분석

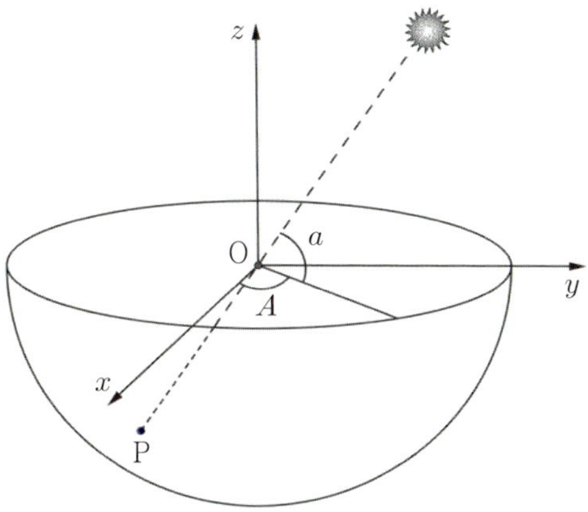


그림 11-2 구 해시계 분석

지평 좌표계의 축을 $x$, $y$, $z$ 축으로 나타내고, 적도 좌표계의 축을 $x'$, $y'$, $z'$ 축으로 나타내자. 구의 방정식이

$$x^2 + y^2 + z^2 = r^2 \ (\text{단, } r > 0) \tag{11.1}$$

이고, 구의 중심이 노몬의 끝이므로 원점을 노몬 점 G 로 하여 노몬 벡터 $\vec{g}$는

$$\vec{g} = (0, 0, 0) \tag{11.2}$$

이고, 태양의 단위 방향 벡터 $\overrightarrow{u_s}$는

$$\overrightarrow{u_s} = (\cos a \cos A, \cos a \sin A, \sin a) \tag{11.3}$$

이다. 태양 빛의 직선 벡터 $\vec{s}$는

$$\vec{s} = \vec{g} + \lambda \overrightarrow{u_s} \tag{11.4}$$

이다. 식 (11.2)와 식 (11.3)을 식 (11.4)에 대입하여 태양 빛의 벡터를 매개변수 방정식으로 바꾸면

$$\begin{cases} x = \lambda \cos a \cos A \\ y = \lambda \cos a \sin A \\ z = \lambda \sin a \end{cases} \tag{11.5}$$

이고, 식 (11.5)를 식 (11.1)에 대입하여 $\lambda(<0)$의 값을 찾으면,

$$(\lambda \cos a \cos A)^2 + (\lambda \cos a \sin A)^2 + (\lambda \sin a)^2 = r^2$$

$$\lambda^2 = r^2$$

$$\lambda = -r(\lambda < 0) \tag{11.6}$$

이다. 따라서 태양 빛이 노몬의 끝을 지나 구에 비치는 그림자의 끝 점 P의 좌표는 $\vec{p} = \vec{g} - r\overrightarrow{u_s}$를 매개변수 방정식으로 나타내면,

$$\begin{cases} x = -r \cos a \cos A \\ y = -r \cos a \sin A \\ z = -r \sin a \end{cases} \tag{11.7}$$

이다.

식 (11.7)의 궤적은 무엇일까? 우리는 지평 좌표계를 다시 적도 좌표계로 바꾸어 해석을 하면 그 궤적이 매우 간단한 방정식으로 바뀌어 이를 해석 할 수 있다. 4강에서의 적도 좌표계로 이를 나타내 보면, 노몬의 그림자 끝은 식 (11.7)은

$$\begin{cases} x' = -r\cos\delta\cos\tau \\ y' = -r\cos\delta\sin\tau \\ z' = -r\sin\delta \end{cases} \tag{11.8}$$

로 나타낼 수 있다. 식 (11.8)에서

$$(x')^2 + (y')^2 = r^2,\ \ z' = -r\sin\delta \tag{11.9}$$

의 원으로 그 궤적을 구할 수 있다.

식 (11.7)과 식 (4.46)과 식 (4.47)을 이용하여 위도 $\phi = 36.34°$ 이고, 반지름 $r = 10$ 일 때의 그래프를 그려보면 [그림 11-3]과 [그림 11-4]과 같다. 또한 $xy$ 평면으로 보면 쌍곡선의 궤적으로 나타내어진다.

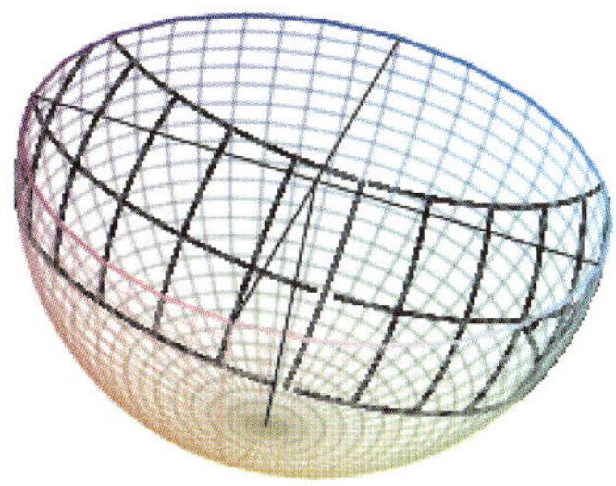

그림 11-3 구 해시계 궤적

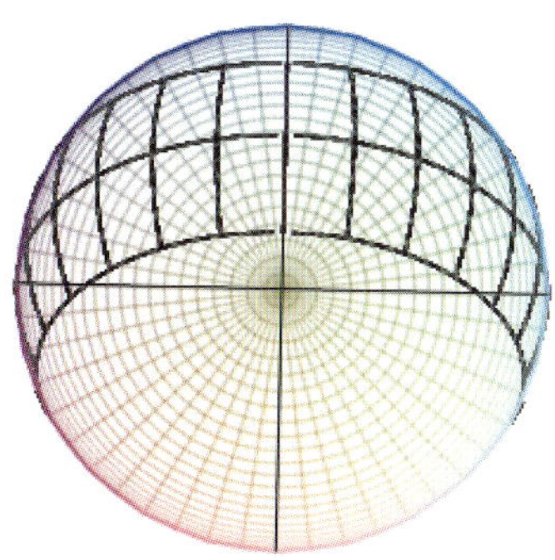

그림 11-4 $xy$ 평면에서 본 그림자 궤적

Chapter

# 12

# 극 해시계

# 극 해시계

지평 좌표계의 축을 $x$, $y$, $z$으로 나타내고, 적도 좌표계의 축을 $x'$, $y'$, $z'$으로 나타내자. 극 해시계는 시반면이 적도에 수직이고 지구 자전축과 평행하다. 시반면은 남쪽 방향으로 향하고 있고 위도 $\phi$만큼 북쪽 방향으로 기울어져 있다. 또한 노몬에 해당하는 노몬 판은 지구 자전축과 평행하다. 보통 노몬은 판일 수도 있고 노몬 막대기 일 수도 있다. 극 해시계의 시간선은 시반면이 지구 자전축에 평행하며, 적도 해시계에서 시반면의 시간 원은 극 해시계 시반면에 수직으로 하고 적도 해시계의 시간 간격인 15°씩 움직여서 극 해시계의 시반면과 만나는 점을 기준으로 하고, 북쪽 방향으로 (즉, 지구 자전축과) 평행하게 그리면 시간선이 된다. 극 해시계도 적도 해시계의 한 축으로 생각 해도 된다. 작도는 적도 해시계를 기반으로 작도를 하면 되는데 편각을 갖는 해시계로도 시간선을 작도할 수 있다.

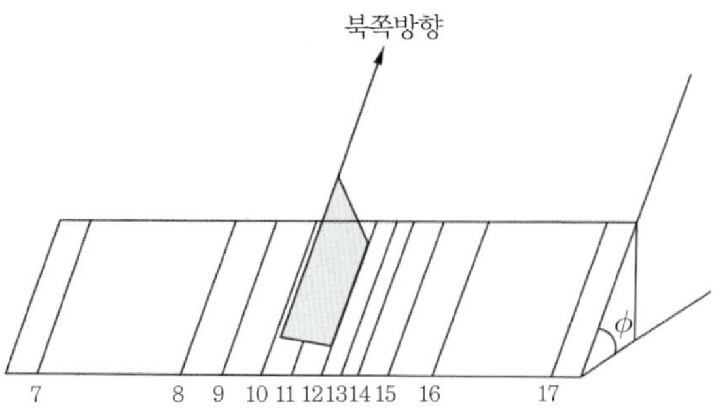


그림 12-1 극 해시계 구조

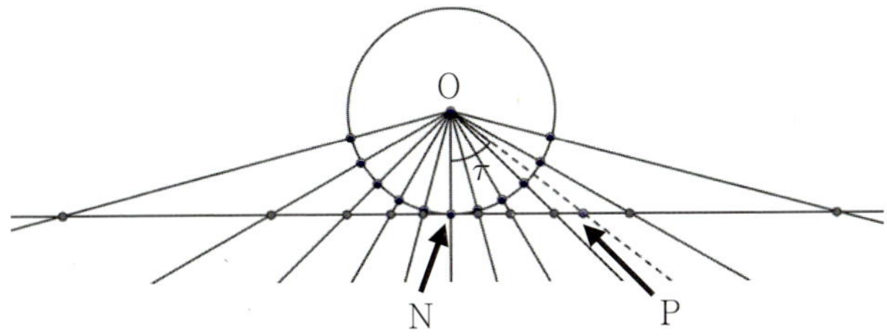


그림 12-2 극 해시계 시간선 작도

시간선은 노몬의 길이 $\overline{ON} = L$이라고 하고 점 P 위치에서의 시간각 $\tau$일 때, 점 N으로부터 시간선이 있는 위치 점 P 까지 거리 $\overline{\mathrm{NP}}$는

$$\overline{\mathrm{NP}} = L\tan\tau \tag{12.1}$$

이다. 점 P 위치에서 지구 자전축과 평행하게 시반면에 그리면 그 직선이 시간선이 된다.

# 극 해시계의 벡터 방정식 분석

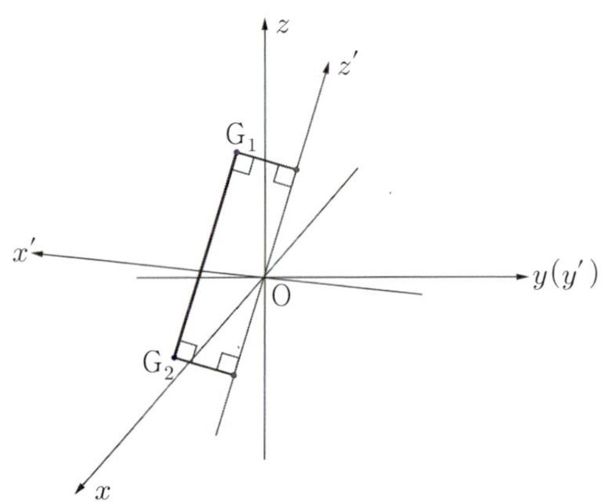


그림 12-3 적도 좌표계와 지평 좌표계의 노몬 위치

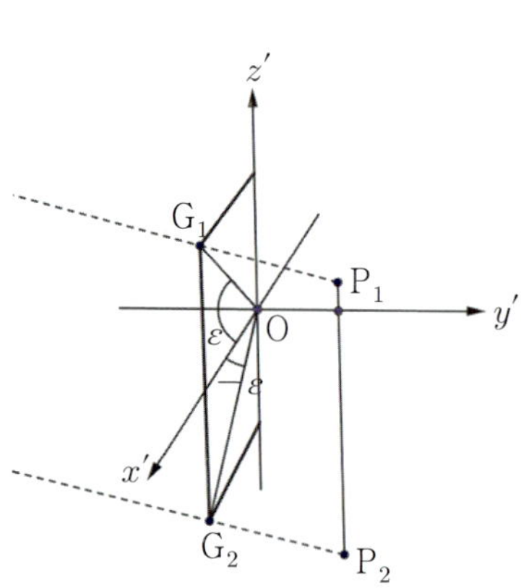


그림 12-4 적도 좌표계로 해석

극 해시계는 지평 좌표계로 보다 적도 좌표계가 해석이 쉽다. [그림 12-3] 그래서 적도 좌표계로 해석을 하려면 시반면은 지구 자전축과 평행하고 동서방향으로 이루어졌다. [그림 12-4] 적도 좌표계로 보면 시반면은 $y'z'$ 평면이고, 적도면이 $x'y'$ 평면이다. 노몬의 길이를 $L$이라고 하면

$$\mathrm{G}_1(L, 0, L\tan\varepsilon),\ \mathrm{G}_2(L, 0, -L\tan\varepsilon) \tag{12.2}$$

이고, 태양의 단위 방향 벡터 $\overrightarrow{u_s}$는

$$\overrightarrow{u_s} = (\cos\delta\cos\tau, \cos\delta\sin\tau, \sin\delta) \tag{12.3}$$

이다.

따라서 $\vec{g} = \overrightarrow{\mathrm{OG}_1}$을 지나는 태양 빛 직선 벡터 $\vec{s}$는

$$\vec{s} = \vec{g} + \lambda\overrightarrow{u_s}\ \ (\lambda\text{는 상수}) \tag{12.4}$$

이다.

벡터 $\vec{s}$가 $y'z'$ 평면과 만나는 점이 $\mathrm{P}_1$이다. $x'$축의 단위 벡터 $\overrightarrow{e_{x'}}$는

$$\overrightarrow{e_{x'}} = (1, 0, 0) \tag{12.5}$$

이다.

$\vec{s} = \overrightarrow{\mathrm{OP}_1}$와 $\overrightarrow{e_{x'}}$가 수직이므로

$$\vec{s} \cdot \overrightarrow{e_{x'}} = 0 = \vec{g} \cdot \overrightarrow{e_{x'}} + \lambda\overrightarrow{u_s} \cdot \overrightarrow{e_{x'}}$$

$$\lambda = -\frac{\overrightarrow{g_1} \cdot \overrightarrow{e_{x'}}}{\overrightarrow{u_s} \cdot \overrightarrow{e_{x'}}]} = -\frac{L}{\cos\delta\cos\tau} \tag{12.6}$$

이어서 $\overrightarrow{\mathrm{OP}_1}$의 성분으로 나타내면,

$$\begin{cases} x' = 0 \\ y' = -L\tan\tau \\ z' = L\left(\tan\varepsilon - \dfrac{\tan\delta}{\cos\tau}\right) \end{cases} \tag{12.7}$$

이고, 같은 방법으로 $\overrightarrow{OP_2}$의 성분으로 나타내면,

$$\begin{cases} x' = 0 \\ y' = -L\tan\tau \\ z' = L\left(\tan\varepsilon + \dfrac{\tan\delta}{\cos\tau}\right) \end{cases} \tag{12.7}$$

이다. 여기서 $\overrightarrow{OP_1}$와 $\overrightarrow{OP_2}$의 $y'$ 성분을 보면,

$$y' = -L\tan\tau \tag{12.8}$$

으로 같다.

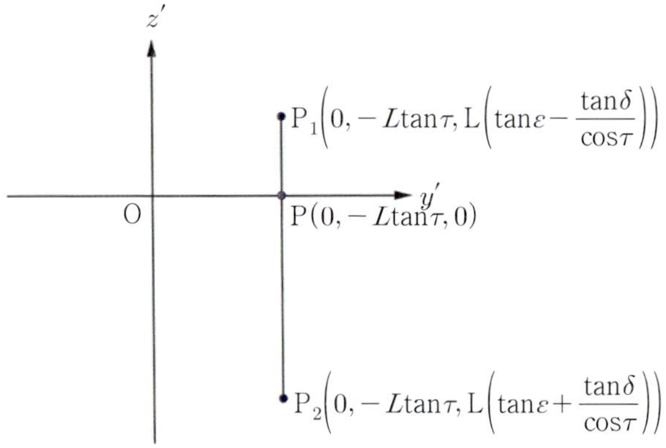


그림 12-5 극 해시계 시반면

이를 바탕으로 계산을 하면, [표 12-1]과 같이 나타낼 수 있다.

표 12-1 시간선 계산

| 시간 | 시간각<br>(호도법에 의한 값) | 시간선 위치 |
|---|---|---|
| 7 | 1.31 | −186.11 |
| 8 | 1.05 | −86.50 |
| 9 | 0.79 | −49.96 |
| 10 | 0.52 | −28.85 |
| 11 | 0.26 | −13.39 |
| 12 | 0.00 | 0.00 |
| 13 | −0.26 | 13.39 |
| 14 | −0.52 | 28.85 |
| 15 | −0.79 | 49.96 |
| 16 | −1.05 | 86.50 |
| 17 | −1.31 | 186.11 |

이를 이용해 시간선 그래프를 그리면 [그림 12-6]과 같이 그릴 수 있다.

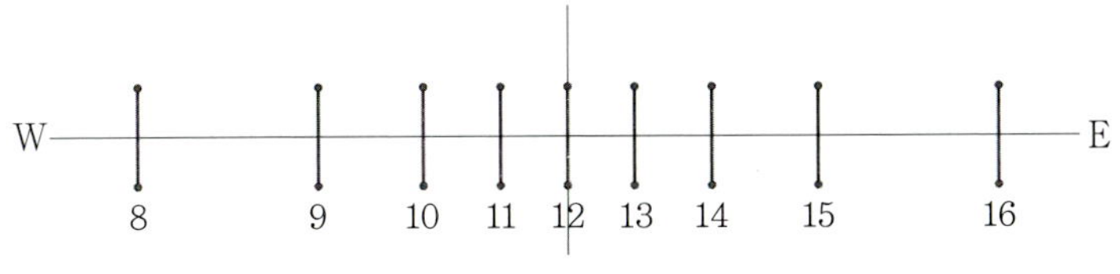


그림 12-6 극 해시계 시간선 그래프

10장 편각과 경사각을 갖는 해시계에서 편각은 0°이고 경사각이 36.34°로 계산을 하면 아래와 같은 계절선과 시간선을 얻을 수 있다. 여기서 계절선을 빼고 시간선만 직사각형으로 그려 그래프를 얻을 수도 있다.

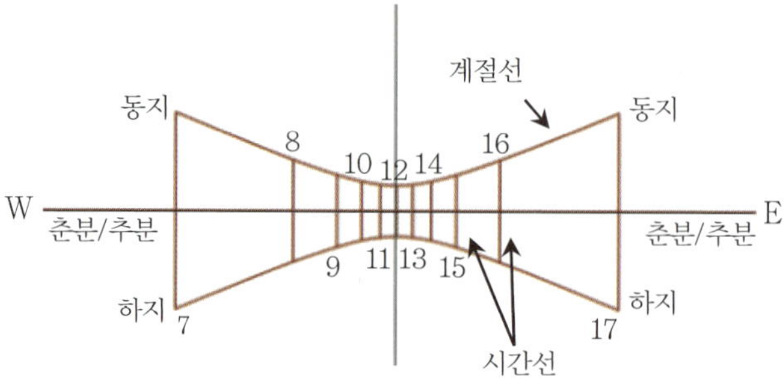


그림 12-7 편각과 경사각을 이용한 그래프

Chapter 13

# 유니버설 해시계

# 유니버셜 적도 해시계

그림 13-1 유니버셜 해시계

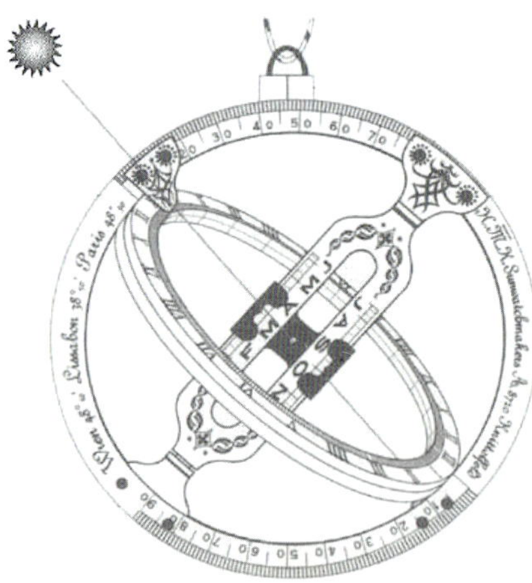


그림 13-2 유니버셜 해시계 시간 읽는 법

사람들은 장소(위도)에도 구애를 받지 않고 이동 중에도 읽기 쉬운 해시계를 마들기 위해 많은 노력을 기울였다. 유니버셜 적도 해시계는 이러한 것을 충족하는 해시계일 것이다. 처음 항해사들에 의해서 이 유니버셜 해시계가 제안되었고, 위만 오그티드William Oughtred, 1574. 3. 5 ~ 1660. 6. 30에 의해서 1600년경에 발명되어, 유럽 전체에 일반적으로 사용되었다. [그림 13-1] 이를 더 보완하여 에드워드 위리그트Edward Wright, 1561. 10. 8 ~ 1615. 11.에 의해서 유니버셜 적도 해시계와 나침판을 결합한 해양링 해시계를 발명하기도 하였다.

유니버셜 적도 해시계에서 시간을 읽기 위해서는 관측자가 날수와 위도 값을 알아야 한다. 끈을 묶는 곳을 돌려 위도를 맞추고, 노몬 구멍을 날짜에 맞추면 시반면이 북쪽 방향을 향하게 하여 태양이 노몬 구멍을 통과하므로 시반면의 시간을 가리키는 곳의 시간을 읽으면 된다.[그림 13-2] 이 시간은 모두 '평균 태양시' 임을 읽음을 유념해야 한다.

# 유니버셜 해시계의 수학적 분석

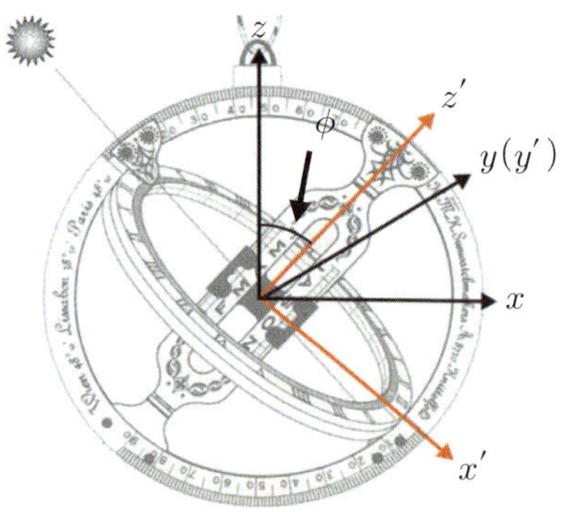


그림 13-3 유니버셜 적도 해시계 좌표계

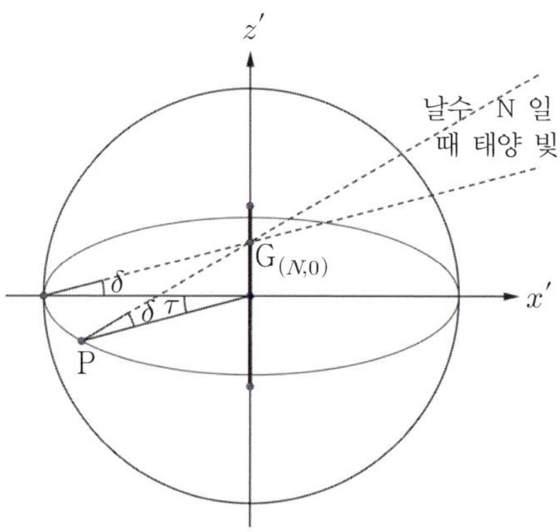


그림 13-4 유니버셜 적도 해시계의 그림자 궤적

유니버셜 적도 해시계는 오른손 법칙에 의해서 $y$축을 중심으로 위도 $\phi$만큼 회전을 시켜주면 적도 좌표계로 변환된다.[그림 13-3] 따라서 유니버셜 해시계는 적도 좌표계로 해석을 하면 쉽게 노몬 구멍의 위치를 잡을 수 있다.[그림 13-4] 적도 좌표계에서 태양의 위치는 시간각 $\tau$와 적위 $\delta$로 나타낼 수 있다. 또한 태양의 하루 적위값은 일정하므로 노몬 구멍의 위치를 잡는데 정오(12시) 때를 기준으로 하여 찾을 수 있다.

구의 반지름을 $r$이라고 하고, 태양의 적위를 $\delta$라고 하자. $G(N,0)$는 날수 $N$에 정오일 때의 노몬 구멍의 위치를 나타내기로 정의 하자.

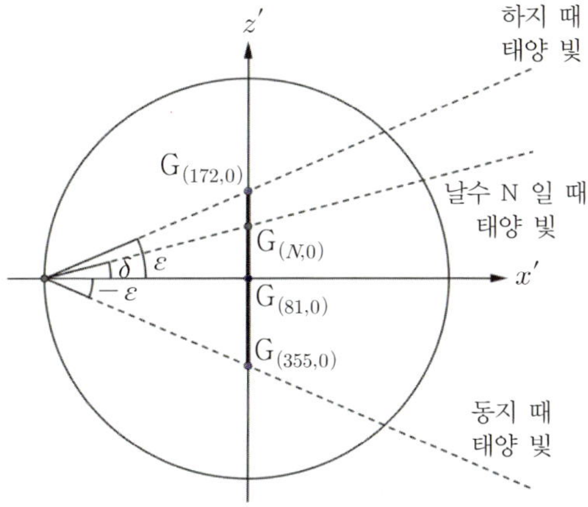


그림 13-5 유니버셜 적도 해시계의 적도 좌표계 분석

$G(81,0)$은 춘분 정오일 때, 노몬 구멍의 위치를 원점으로 한다. 또한 노몬 구멍의 위치를 구 중심으로부터 $z'$축 위의 위치를 $d$라고 하자. 그러면,

$$\tan\delta = \frac{d}{r}$$

이 성립한다. 따라서 노몬 구멍의 위치는

$$d = r\tan\delta \tag{13.1}$$

이다. 반지름을 5로 한 구의 유니버셜 적도 해시계의 노몬 구멍 위치를 계산하면 [표 13-1]과 같다.

표 13-1 노몬 구멍 위치 계산

| 날짜 | 날수($N$) | 적위($\delta$) | 노몬 구멍 위치($d$) |
|---|---|---|---|
| 1월1일 | 1 | −23.0 | −2.1 |
| 2월1일 | 32 | −17.5 | −1.6 |
| 3월1일 | 60 | −8.3 | −0.7 |
| 3월22일(춘분) | 81 | 0.0 | 0.0 |

| | | | |
|---|---|---|---|
| 4월1일 | 91 | 4.0 | 0.4 |
| 6월1일 | 121 | 14.9 | 1.3 |
| 6월21일(하지) | 172 | 23.4 | 2.2 |
| 7월1일 | 182 | 23.1 | 2.1 |
| 8월1일 | 213 | 17.9 | 1.6 |
| 9월1일 | 244 | 7.6 | 0.7 |
| 9월22일(추분) | 265 | 0.0 | 0.0 |
| 10월1일 | 274 | -4.3 | -0.4 |
| 11월1일 | 305 | -15.5 | -1.4 |
| 12월1일 | 335 | -22.2 | -2.0 |
| 12월21일(동지) | 355 | -23.4 | -2.2 |

[표 13-1]의 계산된 값을 통해 노몬 구멍의 위치를 평면에 나타내면 [그림 13-6]과 같다. 또한 이때 노몬 구멍을 통과하는 태양시간각 $\tau$에 대하여 태양 빛과 구가 만나는 궤적이 원임을 보이자.

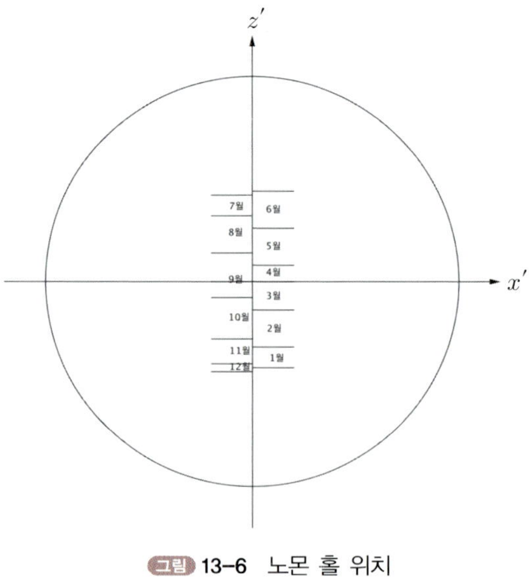


그림 13-6 노몬 홀 위치

날수 $N$에서의 위치를 식 (13.2)에 의해서 계산된 G$(0,0,d)$이라 하고 노몬 벡터

$$\vec{g}=\overrightarrow{\mathrm{OG}}=(0,0,d)$$

이라고 하자. 또한 태양의 단위 방향벡터 $\overrightarrow{u_s}$는

$$\overrightarrow{u_s}=(\cos\delta\cos\tau,\ \cos\delta\sin\tau,\ \sin\delta)$$

이고, 태양 빛 벡터 $\vec{s}$는

$$\vec{s}=\vec{g}+\lambda\overrightarrow{u_s} \tag{13.2}$$

이다. 태양 빛 벡터 $\vec{s}$와 $z'$축 단위 방향 벡터 $\overrightarrow{e_{z'}}=(0,0,1)$와 수직이므로 식 (13.2)에서 양변에 $\overrightarrow{e_{z'}}$를 내적하면,

$$\vec{s}\cdot\overrightarrow{e_{z'}}=0=\vec{g}\cdot\overrightarrow{e_{z'}}+\lambda\overrightarrow{u_s}\cdot\overrightarrow{e_{z'}}$$

$$\lambda=-\frac{\vec{g}\cdot\overrightarrow{e_{z'}}}{\overrightarrow{u_s}\cdot\overrightarrow{e_{z'}}}=-\frac{d}{\sin\delta} \tag{13.3}$$

로 식 (13.3)를 식 (13.2)에 대입하여 교점을 매개변수 방정식으로 나타내면

$$\begin{cases}x'=-d\cot\delta\cos\tau=-r\cos\tau\\ y'=-d\cot\delta\sin\tau=-r\sin\tau\\ z'=0\end{cases} \tag{13.4}$$

이다. 식 (13.4)의 궤적을 구하면,

$$(x')^2+(y')^2=r^2 \tag{13.5}$$

로 원의 방정식임을 알 수 있다.

# 유니버셜 해시계 측정

유니버셜 해시계를 가지고 시간을 측정하였다. 노몬의 구멍으로 통과한 태양빛이 시반면의 면에 비치게 하는 것이 쉽지는 않다.

그림 13-7 유니버셜 해시계 시간 측정

Chapter 14

# 원기둥 해시계

# 양치기 해시계

그림 14-1 Holbein 초상화

그림 14-2 양치기 해시계 1

그림 14-3 니콜라스 카르져 초상화

그림 14-4 양치기 해시계 2

니콜라스 카르져Nicholas Kratzer의 호르베인Holbein 초상화[1] 에서 [그림 14-1]에서 왼쪽 사람의 왼손 근처 중앙에 있는 해시계가 보인다.[그림 14-2] 미콜라스 카르져의 초상화[2] [그림 14-3]에서도 왼쪽 상단의 탁자 모서리에 양치기 해시계의 일부가 보인다. [그림 14-4] 이 양치기 해시계는 여름 하지부터 겨울 동지까지 지평선에서 태양의 고도로 시간을 측정하는 단순한 원리이다. 이 양치기 해시계는 16세기 중반 로마에서 펜던트 시계 또는 포켓 손목시계 즉, 이동하면서 시간을 볼 수 있는 해시계를 의미하였다. 이러한 여러 해시계들이 16세기에 발명되었다. 한편 로마인들은 이 당시 상당히 세련된 해시계를 가지고 있었는데 그것이 원기둥 해시계로 절기와 시간을 모두 측정 할 수 있는 이동 가능한 해시계였다. 이런 원기둥 해시계가 양치기로 불리는 것은 양치기 목동들이 양들에게 풀을 뜯기기 위해서 이곳 저곳 이동해야 하고 계절도 알아야 이동할 수 있어 이 원기둥 해시계로 이러한 것을 알았으리라 짐작된다.

양치기 해시계 즉, 원기둥 해시계cylinderical sundial는 시반면이 평면이 아닌 원기둥 옆면인 곡면에 해시계의 노몬의 그림자로 시간을 읽어야 한다. 따라서 원기둥 옆면에 시간선과 계절선을 표시해야 하는데, 노몬의 그림자의 궤적을 원기둥 옆면에 어떻게 나타내야 할까?

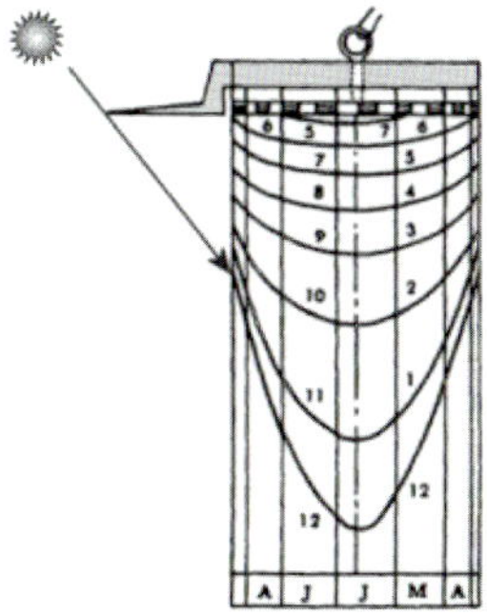


그림 14-5 원기둥 해시계 측정방법

1) 출처 : 위키백과, Dcoetzee
2) 출처 : 위키백과, Dcoetzee

원기둥 해시계는 노몬을 회전시켜서 계절을 맞추고 태양의 고도에 의해서 시간을 측정하는 해시계이다. 하루의 길이는 약간씩 다르고, 같은 경도에서만 사용할 수 있으므로 이 원기둥 해시계의 곡선을 이용해서는 시간은 단지 근사값으로 읽을 수 밖에 없다. 이 해시계의 주기는 오전 5시경 부터 오후 7시경 까지 그려져 있다. [그림 14-6]은 대전둔원고등학교 위도 36.34°에서의 양치기 해시계의 시간선과 계절선 전개도를 나타낸 것이다.

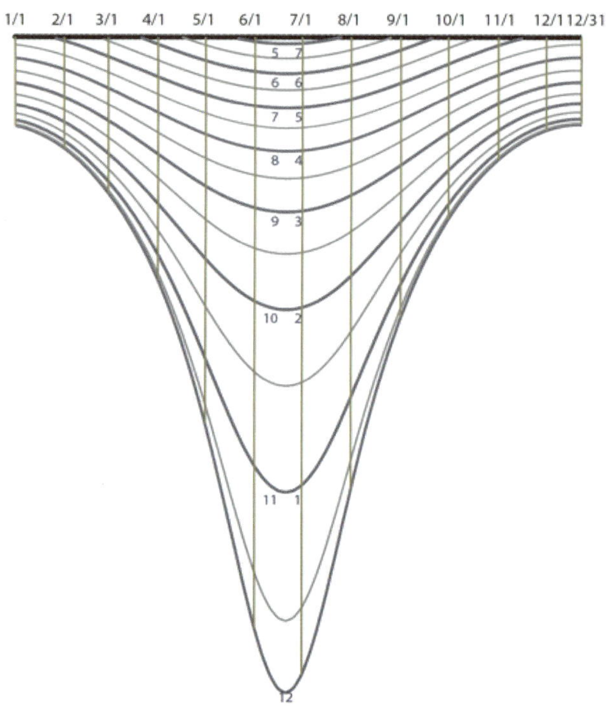


그림 14-6 대전둔원고등학교 원기둥 해시계 시간선과 계절선 전개도

# 원기둥 해시계 분석

원기둥의 반지름이 $r$이고, 노몬이 원기둥 윗면에서 원기둥 옆면에 수직이 되게 하고 회전이 가능하도록 하게 만든다. 이때 노몬의 길이는 원기둥 옆면으로부터 지평과 평행하다. 그 길이를 L이라고 하자. 지평 좌표계에서의 방위각 $A$와 고도 $a$에 대하여 노몬을 회전시켜 계절선에 맞추고, 노몬을 태양의 방향으로 향하게 하고 그림자의 높이로 시간을 읽는다.

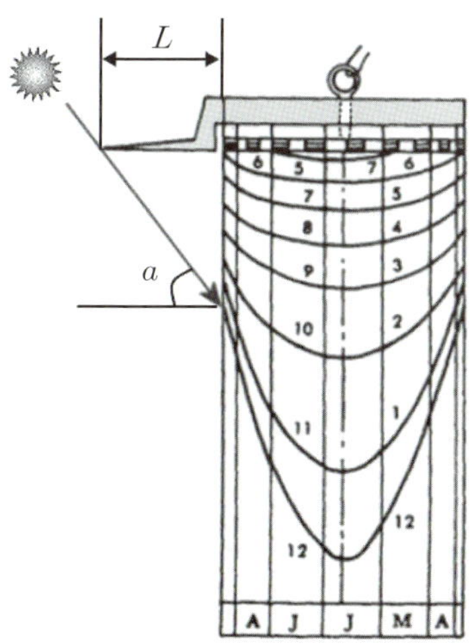


그림 14-7 원기둥 해시계 원리

원기둥 해시계에서 시간을 읽는 원리를 수학적으로 분석해 보자. 원기둥 해시계에서 그림자를 만들어 내는 노몬은 맨 위의 끝에 있다. 태양의 적위가 $\delta$이고, 그 때의 위도 $\phi$에서 태양의 고도가 $a$라고 하자. 그러면 식 (4.7)과 같이

$$\delta = 23.45^{\circ} \sin\left(2\pi \frac{N-81}{365.25}\right) \tag{14.1}$$

(단, $N$은 날짜로 1부터 365일 또는 366일이다.)

이고, 태양의 고도는 식 (4.46)에서처럼

$$a = \sin^{-1}(\cos\delta\cos\tau\cos\phi + \sin\delta\sin\phi) \tag{14.2}$$

이다. 노몬의 원통 끝을 원점으로 하고 아래쪽의 방향을 양의 방향으로 하면, 노몬의 길이를 지표면에 평행하게 한 길이를 $L$이라고 하자. 노몬의 길이를 정할 때는 하지 때의 태양의 고도와 원기둥 높이로 그 길이를 결정할 수 있다.

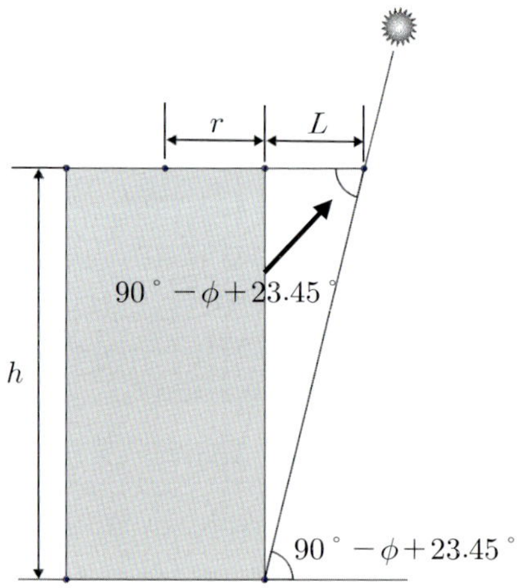


그림 14-8 노몬의 크기 구하기

그러므로,

$$\tan(90^{\circ} - \phi + 23.45) = \frac{h}{L} \tag{14.3}$$

$$\cot(\phi - 23.45^\circ) = \frac{h}{L}$$

의 노몬의 크기를 위도와 원기둥 높이에 맞게 노몬의 크기를 결정할 수 있다. 이는 원기둥의 윗면에서부터 지평면 수직 방향으로의 길이를 말한다.

$$L = h\tan(\phi - 23.45) \tag{14.4}$$

이다. 그리고 그림자가 원기둥에 맺히는 그림자 길이를 $y$이라고 하자. 그러면,

$$\tan a = \frac{y}{L}$$

$$y = L\tan a \tag{14.5}$$

이다. 전개도를 그리려면, 계절선은 원기둥의 윗면의 원 둘레 길이를 계절선으로 나타 낼 수 있다. 따라서 원둘레가 $2\pi r$로 일 년을 365일로 계산을 하면 하루의 중심으로 한 점으로부터의 원둘레 길이를 $x$라고 하면,

$$x = \frac{2\pi r}{365} \times N \tag{14.6}$$

이다.

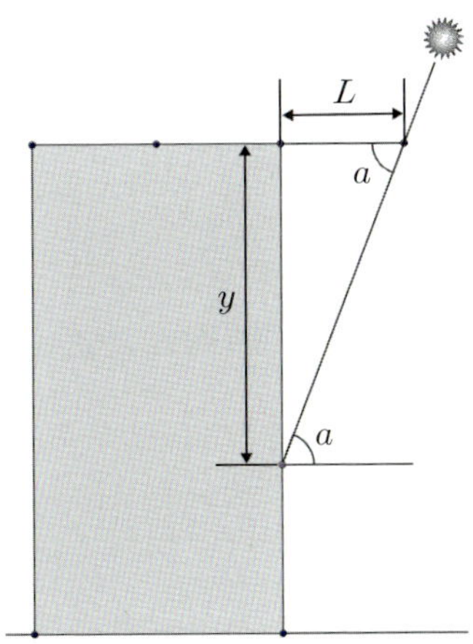


그림 14-9 노몬의 그림자 길이 계산

계절선과 시간선을 계산하면 $x$축의 양의 방향은 오른쪽 방향이고, $y$축은 위에서 아래 방향이 양의 방향으로 해서 계절선과 시간선을 나타내야 한다. [그림 14-10]은 위도는 36.34°(대전둔원고등학교)이고, 높이는 50으로 설정을 해서 컴퓨터를 이용하여 그래프를 그린 것이다. 윗면으로부터 그림자의 길이를 $y$축으로 하고, 윗면의 원 둘레를 $x$축으로 하여 그래프를 컴퓨터로 그림을 그리면 된다.

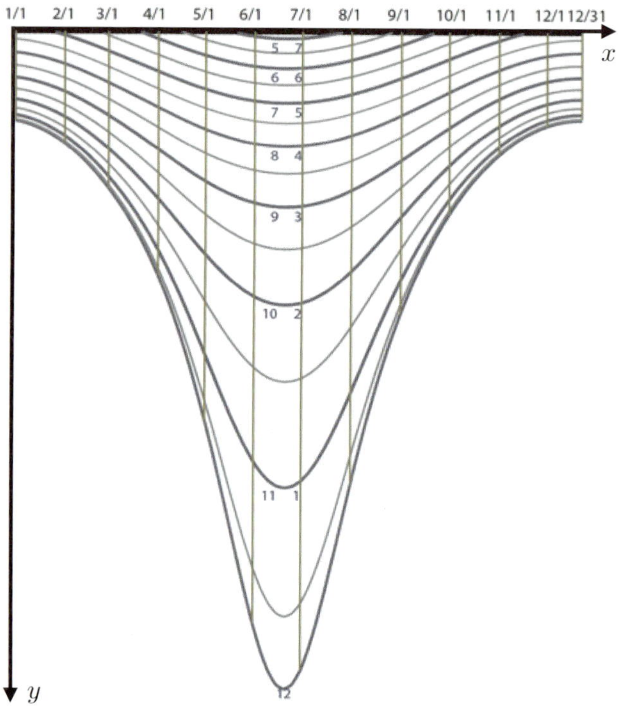


그림 14-10 원기둥 해시계의 계절선과 시간선

# 노몬 원이 남쪽에 고정된 투명한 원기둥 해시계

원기둥에서 막대기인 노몬을 없애고 투명한 원기둥에 그림자를 생기게 하는 노몬에 해당하는 노몬 홀의 그림자가 반대편의 원기둥 안쪽 면에 맺히게 해서 시간을 읽으려 한다. 노몬 원이 정 남쪽 방향으로 고정된 투명한 원기둥 해시계에 대한 수학적 원리를 알아보고 노몬의 그림자의 궤적을 찾아보자.

처음으로 삼각함수를 이용해 궤적의 방정식을 찾아보도록 하자.

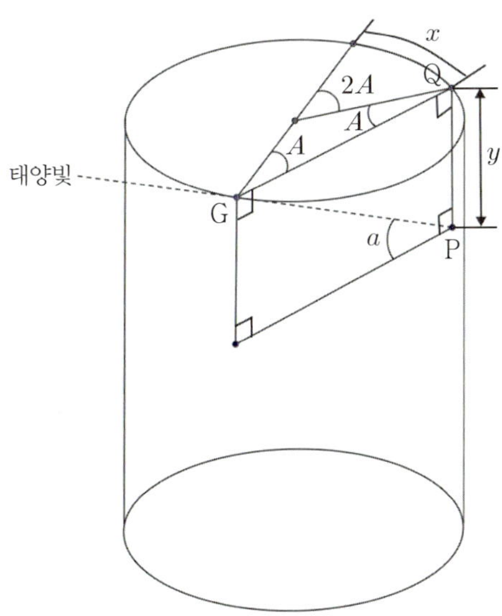


그림 14-11 원기둥 해시계 삼각함수 분석

원기둥의 밑면의 반지름을 $r$이라고 하고, 태양의 방위각과 고도에 의해서 원기둥의 각을 표현해 보면 [그림 14-11]과 같다. 노몬 G를 지나 반대편 원기둥 옆면에 그림자의 위치를 P라고 하자. 이때, 점 P로부터 윗면으로 수직으로 내린 수선의 발을 Q라고 하자. 원 기둥의 윗면의 호의 길이를 $x$라고 하면

$$x = r \times 2A = 2rA$$

$$x = 2rA \tag{10.47}$$

이다. 또한 제2코사인 법칙에 의해서

$$\overline{\mathrm{GQ}}^2 = r^2 + r^2 - 2 \times r \times r \times \cos(\pi - 2\mathrm{A})$$

$$\overline{\mathrm{GQ}} = r\sqrt{2}\sqrt{1+\cos 2A} = r\sqrt{2}\sqrt{2\cos^2 A} = 2r\cos A$$

$$\overline{\mathrm{GQ}} = 2r\cos A$$

이고, 윗변으로부터 노몬 홀의 그림자까지의 거리 $y$는

$$y = \overline{\mathrm{GQ}}\ \tan a = 2r\cos A \tan a \tag{10.48}$$

이다.

두 번째로 벡터 방정식을 이용해 분석을 해 보자.

원기둥의 겉면을 방정식으로 나타내면

$$(x+r)^2 + y^2 = r^2,\ 0 \le z \le h_0(h_0\ \text{원기둥 높이}) \tag{10.49}$$

이다. 또한 수평 좌표계의 원점에서 태양을 향하는 단위 방향벡터를 방위각 $A$와 고도 $a$로 나타내면

$$\overrightarrow{u_h} = (\cos a \cos A, \cos a \sin A, \sin a) \tag{10.50}$$

이다. 높이 $h_0$인 원기둥의 정남쪽에서 밑면으로 부터 높이 $h(h \le h_0)$인 곳에 그림자를 생기게 하는 노몬격인 노몬 홀의 위치는

$$\vec{g} = (0, 0, h) \tag{10.51}$$

이다. 태양 빛의 직선 벡터는

$$\vec{s} = \vec{g} + \lambda \overrightarrow{u_h} \tag{10.52}$$

이고 이 직선이 원기둥과의 교점에서 그림자가 생기게 된다. 따라서 원기둥과 노몬의 끝점을 지나는 직선과의 교점을 구하면 된다. 따라서 식 (10.52)에 좌표를 대입해 정리하면,

$$\vec{s} = (\lambda \cos a \cos A, \lambda \cos a \sin A, h + \lambda \sin a) \tag{10.53}$$

로 이를 매개변수 $\lambda$의 매개변수 방정식으로 표현하면,

$$x = \lambda \cos a \cos A,\ \ y = \lambda \cos a \sin A,\ \ z = h + \lambda \sin a \tag{10.54}$$

이고 식 (10.54)이 원기둥 방정식 식 (10.49)을 만족하는 매개변수 $\lambda$을 찾으면

$$(r + \lambda \cos a \cos A)^2 + (\lambda \cos a \sin A)^2 = r^2$$

$$\lambda \cos a (2r \cos A + \lambda \cos a) = 0$$

$$\lambda = 0 \ \text{ 또는 } \ \lambda = -\frac{2r \cos A}{\cos a} \tag{10.55}$$

이다. 식 (10.54)에서의 $\lambda = 0$는 노몬 원이 있는 위치의 태양 빛의 직선과 원기둥과의 교점이고, $\lambda = -\dfrac{2r \cos A}{\cos a}$가 노몬 원의 그림자가 반대편의 원기둥 면에 맺히는 위치이다. 그 때의 위치의 높이 $z$를 구하면

$$z = h + \lambda \sin a = h + \left(-\frac{2r \cos A}{\cos a}\right) \sin a = h - 2r \tan a \cos A$$

이고, $x$좌표와 $y$좌표를 구하면,

$$x = \lambda \cos a \cos A = \left(-\frac{2r\cos A}{\cos a}\right)\cos a \cos A$$

$$= -2r\cos^2 A = -r - r\cos 2A$$

$$y = \lambda \cos a \sin A = \left(-\frac{2r\cos A}{\cos a}\right)\cos a \sin A$$

$$= -2r\sin A\cos A = -r\sin 2A$$

이어서

$$x = -r - r\cos 2A,\ y = -r\sin 2A,\ z = h - 2r\tan a\cos A \tag{10.56}$$

이다. 또한 $(x,y,0)$와 $(-r,0,0)$사이의 각은

$$\frac{y-0}{x+r} = \frac{-r\sin 2A}{-r\cos 2A} = \tan 2A \tag{10.57}$$

으로 각이 $2A$의 각을 가지므로 원기둥의 윗면의 원둘레를 $x'$축으로 해서 전개도를 나타내야 하므로

$$l(2A) = r \times 2A = 2rA\ \left(\text{단, } -\frac{\pi}{2} \le A \le \frac{\pi}{2}\text{이다.}\right) \tag{10.58}$$

이다. 따라서 전계도 $x'y'$평면에 다시 이를 나타내어 보면,

$$x' = 2rA,\ y' = z = h - 2r\tan a\cos A \tag{10.59}$$

로 나타낼 수 있다.

위도 $\phi = 36.34$(대전둔원고등학교)의 위치에서의 반지름이 4이고 높이가 50인 컵의 시간선과 계절선을 그래프로 나타내면 [그림 14-12]과 같다. 투명한 물 전사지에 프린트 해 투명한 원기둥에 붙이면 원기둥 해시계가 된다. 우리나라가 중위도에 위치해 있어서 원기둥 높이가 매우 높게 계산됨을 알 수 있다.

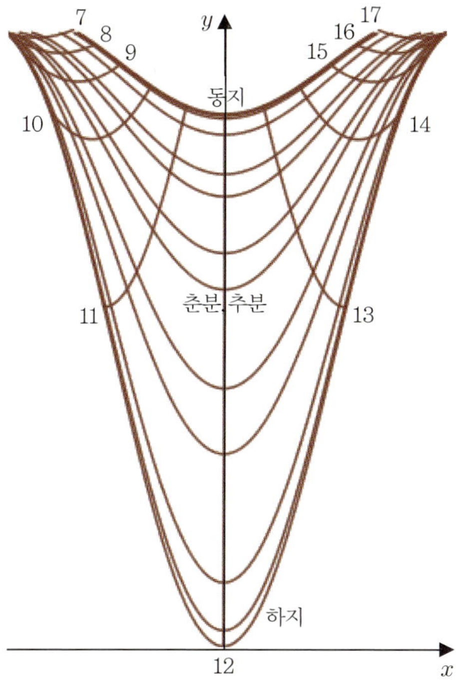


**그림 14-12** 노몬 원이 남쪽으로 고정된 원기둥 해시계

# 나침판이 필요 없는 투명한 원기둥 해시계

원기둥 해시계를 응용해 나침반이 필요없는 투명한 원기둥 해시계를 만들려고 한다. 노몬 위치를 태양으로 향하게 만들어 시간을 측정하는 투명한 원통형에 해시계를 만들려고 한다. 이 원기둥 해시계의 수학적 원리를 분석해 보고 제작하여 보자.

계절선은 태양의 적위로 계산하고 날짜에 따른 적위에서의 시간선은 시간을 측정하려고 하는 위도 $\phi$와 태양의 고도 $a$로 측정하면 된다.

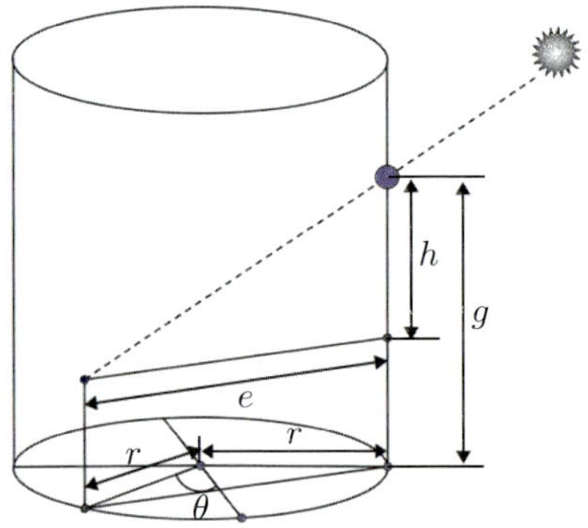


그림 14-13 노몬이 태양을 따라다니는 원기둥 해시계

원기둥의 절반에 태양에 의해서 생기는 노몬의 그림자를 나타내려고 한다. 1월 1일부터 시작하여 12월 31일까지를 표시할 수 있다. 그러면 $N$

을 날짜의 날수로 하면, 회전각은

$$\theta = \frac{\pi}{365.25} \times N \tag{10.60}$$

이고, 원주 길이는

$$l = r\theta \tag{10.61}$$

이다. 이 원주 길이를 $x$ 축의 길이로 해야 한다. 따라서 원주 둘레를 $x$ 축으로 보고 전개도를 그려야 하므로

$$x = r\theta \tag{10.62}$$

로 놓을 수 있다. 또한 높이는 노몬이 위치한 높이를 $g$라고 하고, 노몬과 노몬의 그림자의 높이 차이를 $h$라고 하자. 또한 노몬의 위치와 노몬의 그림자의 위치의 밑면으로 정사영 시켰을 때의 길이를 $e$이라고 하자.[그림 14-13] 그러면,

$$\tan a = \frac{h}{e} \tag{10.63}$$

$$h = e\tan a \tag{10.64}$$

가 성립한다.

또한 밑면 원에 대하여 제2 코사인법칙을 적용하면,

$$e^2 = r^2 + r^2 - 2 \times r \times r \times \cos\left(\frac{\pi}{2} + \theta\right) \tag{10.65}$$

로 식 (10.65)을 정리하면,

$$e = r\sqrt{2(1 + \sin\theta)} \tag{10.66}$$

이다. 따라서 그래프의 높이는

$$y = g - e \tan a$$

$$y = g - r\sqrt{2(1+\sin\theta)}\tan a \tag{10.67}$$

로 놓을 수 있다.

따라서 $x = r\theta$과 $y = g - r\sqrt{2(1+\sin\theta)}\tan a$의 매개변수 방정식으로 그래프를 그려보면 아래와 같다. 반지름을 5로 하고 높이를 50으로 한 원기둥 해시계 그래프이다.

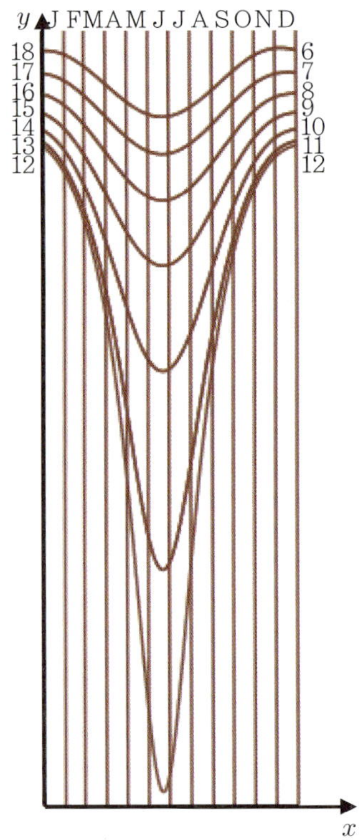


그림 14-14 노몬 홀이 태양을 따라다니는 원기둥 해시계

# 원뿔대 해시계

원뿔대 모양의 투명한 컵에 해시계를 만들려고 한다. 지금은 날짜를 알 수 있으니, 나침판 없이 노몬 홀을 태양의 방향으로 향하게 만들어 시간을 측정하려고 한다. 컵 해시계의 수학적 원리를 분석해 보자.

윗면의 반지름이 $R$인 원이고 아래 밑변의 반지름이 $r$이고 높이가 $h$인 원뿔대에 해시계의 계절선과 시간선을 그려보려고 한다. 편의상 노몬의 역할을 하는 원의 위치가 있는 곳이 아래 밑변으로부터 높이가 $h$이고 이 윗면의 반지름이 $R$이라고 하자.

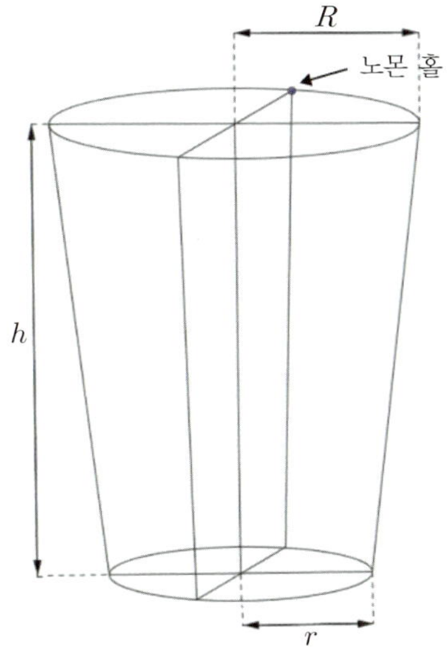


그림 14-15 원뿔대 크기와 노몬 구멍

노몬 구멍의 위치는 태양을 향하게 하고 그 그림자는 계절선에 맞추어 시간을 읽으려고 한다. 계절선은 원뿔대의 절반을 계절선으로 해 나타내려고 한다. 그러면 계절선에 따라 시간의 위치를 찾아야 하는데 그 위치에서의 높이를 $\overline{h}$로 하고, 그 때의 반지름을 $b$라고 하자. 비례식에 의해서 계산을 하면 각각 값이 아래와 같다.

$$a=\frac{rh}{R-r},\ \overline{h}=\frac{(b-r)h}{R-r},\ c=\frac{Rh}{R-h},\ d=\frac{(R-b)h}{R-r} \tag{10.68}$$

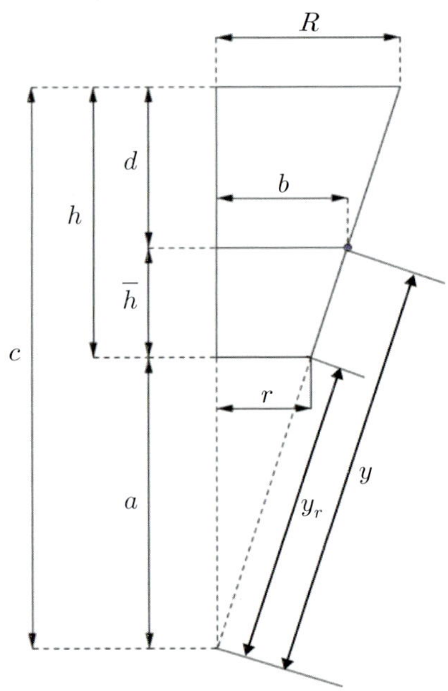


그림 14-16 비례식에 의한 계산

날수 $N$일 계절각은 원주율 $\pi$의 각을 365.25일로 나누어야 하므로

$$\theta(N)=\frac{\pi}{365.25}N \tag{10.69}$$

이다.

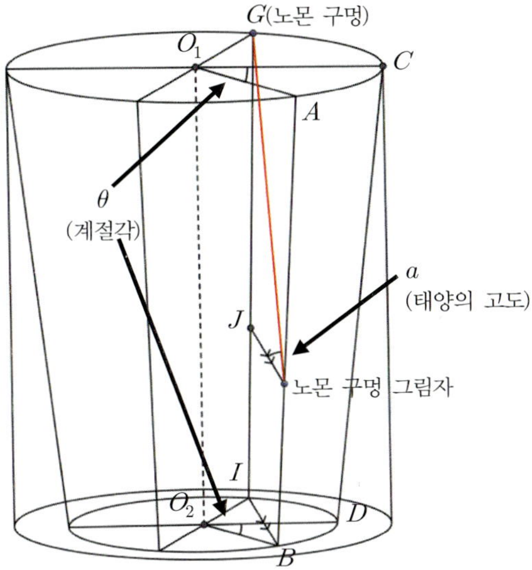


그림 14-17 노몬 구멍의 그림자 위치

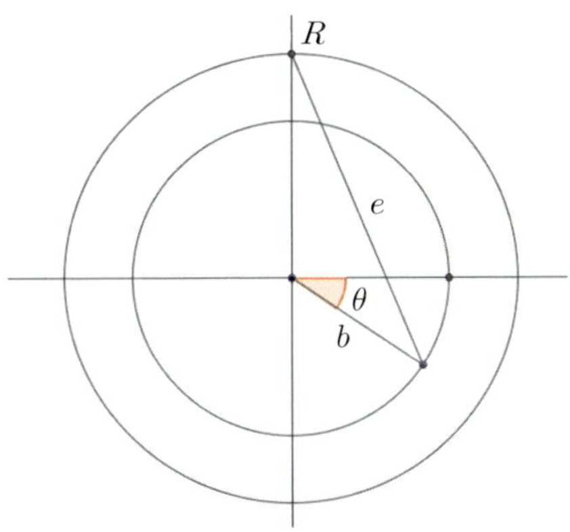


그림 14-18 높이 $\bar{h}$ 에서의 밑면과 평행한 단면

[그림 14-18]에서 $e$ 의 길이를 제2코사인법칙에 의해서 구하면

$$e = \sqrt{R^2 + b^2 - 2Rb\cos\left(\frac{\pi}{2} + \theta\right)} = \sqrt{R^2 + b^2 + 2Rb\sin\theta} \tag{10.70}$$

그러므로 태양의 고도 $a$로 밑변과 높이를 나타내면

$$\tan a = \frac{d}{e} = \frac{\dfrac{h(R-b)}{R-r}}{\sqrt{R^2+b^2+2Rb\sin\theta}} \tag{10.71}$$

이다. 이식을 정리하여 보자.

$$(R-r)\tan a\sqrt{R^2+b^2+2Rb\sin\theta} = h(R-b) \tag{10.72}$$

양변을 제곱하여 정리하면

$$(R-r)^2\tan^2 a(R^2+b^2+2Rb\sin\theta) = h^2(R^2-2Rb+b^2)$$

$$((R-r)^2\tan^2 a - h^2)b^2 + 2R(h^2+(R-r)^2\sin\theta\tan^2 a)b + R^2((R-r)^2\tan^2 a - h^2) = 0$$

근의 공식에 의해서 $b(b>0)$의 해를 구하면

$$b = \frac{-R(h^2+(R-r)^2\tan^2 a\sin\theta + R(R-r)|\tan a|\sqrt{2h^2(1+\sin\theta)-(R-r)^2\tan^2 a\cos^2\theta}}{(R-r)^2\tan^2\theta - h^2} \tag{10.73}$$

이다. 이를 평면에 펼쳐진 전개도를 그려야 하므로 극 좌표계를 도입하여 그래프를 그린다.

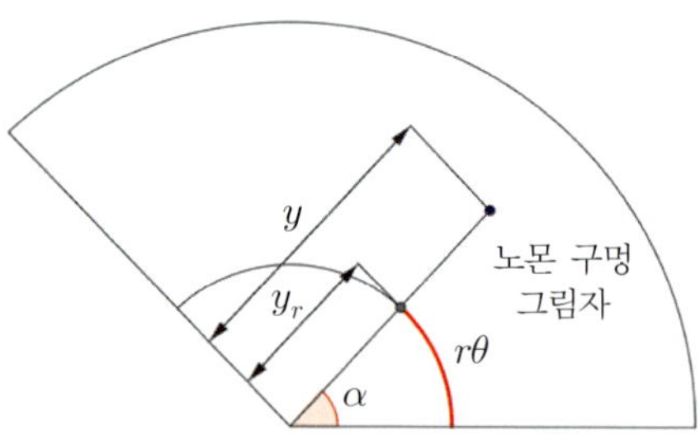


그림 14-19

[그림 14-19]에서

$$y_r = r\sqrt{1+\frac{h^2}{(R-r)^2}} \tag{10.74}$$

비례식에 의해서

$$y = \frac{b}{r}\times y_r = b\sqrt{1+\frac{h^2}{(R-r)^2}}$$

$$y = b\sqrt{1+\frac{h^2}{(R-r)^2}} \tag{10.75}$$

[그림 14-18]에서 계절각이 $\theta$ 이므로 호의 길이는 $r\theta$ 중심각 $\alpha$를 구하면

$$\alpha = \frac{\theta}{\sqrt{1+\frac{h^2}{(R-r)^2}}} \tag{10.76}$$

이다.

우리는 극 좌표계로 $(\alpha, y)$으로 그래프를 그리면 된다.

따라서 위 극 좌표계로 계산한 결과에 의해서 위도 36.34°(대전둔원고등학교 기준), 밑면의 반지름을 3, 윗면의 반지름을 4, 높이를 31로 그래프를 그리면 [그림 14-20]와 같다. 이를 바탕으로 이를 실사 출력을 해 컵에 붙이면 된다. 이를 3D 프린터를 이용해 만든 해시계가 [그림 14-21]이다.

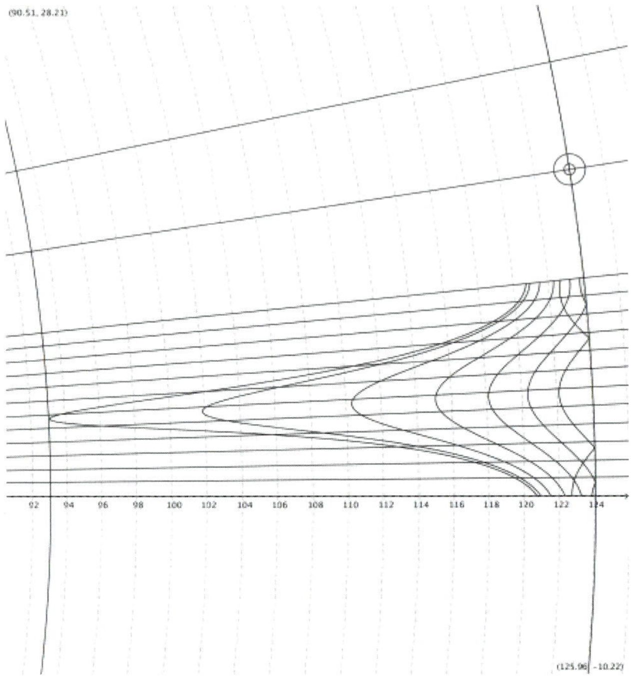


그림 14-20 컵 해시계 도안

위도 51°의 컵해시계 실물

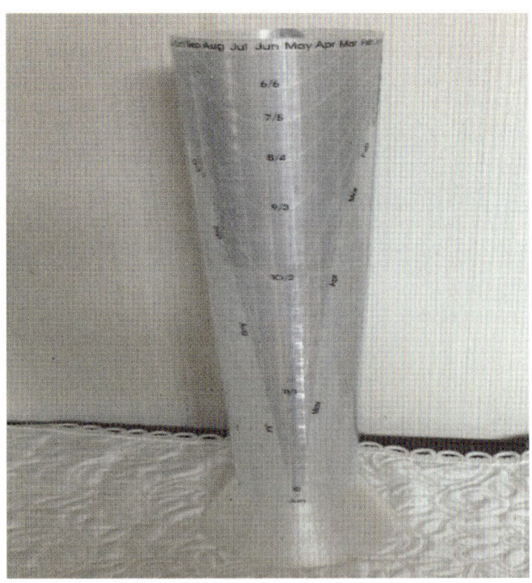


3D 프린터로 제작한 위도 36.34°의 컵 해시계

그림 14-21 컵 해시계

Chapter 15

# 링 해시계

# 링 해시계

소지 가능한 해시계는 적어도 색슨족[3] 이 살던 지역에 알려져 있었다. 아키텐의 엘레오노르1122?-1204는 프랑스 왕 루이 12세1137-52, Louis VII의 왕비였으나 이혼하고, 영국 왕 헨리 2세Henry II, 1133-1189의 왕비가 되었는데, 영국 왕 헨리 2세가 1152년에 링 해시계를 디자인 해 자신에게 선물 하였다고 한다. 이후에 소지 가능한 해시계는 과학적이고 일반적으로 시간을 측정할 수 있도록 발전하였다. 링 해시계는 포켓 해시계pocket dial 또는 포케 해시계poke dial로 움직일 수 있고 노몬의 역할을 하는 돌기의 핀 구멍으로 태양의 빛이 통과하여 시간을 읽는 가장 간단한 해시계이다. 이 돌기는 링 해시계의 바깥에 만들어지고 링 해시계의 구멍이 움직이는 한쪽에 달을 위미하는 I. F. M. A. M. I. (1월~6월)그리고 다른 쪽에 I. A. S. O. N. D(7월~12월)이라고 적혀 있는 곳에 위치시켜서 그 날의 시간을 읽는다. 특이한 점은 알파벳 J는 없다는 것이다. 아마도 6월의 구간이 너무 좁아 뺏을 거라 추정된다. 노몬 핀 홀에서 반대편에 위치한 링의 안쪽에 시간선이 이등분되어 조각되어 있다. 시간을 읽기 위해서는 노몬 핀 홀을 움직여서 그 날수에 맞게 달의 글자가 적혀 있는 위치에 놓아야 한다. 그리고 끈을 이용해 링 해시계를 달아 놓는다. 그 다음

3) 색슨족(saxons)은 옛 게르만족의 연맹 부족으로 지금의 니티작센과 세스트팔렌 지역에서 살던 민족이다. 이웃인 프랑크족과 잦은 충돌이 있었으며 프랑크 왕국으로부터 영토를 잃은 후 브리튼섬에 이주하게 되고, 앵글로족에 흡수되어 지금의 앵글로 섹슨족이 되었다.

에는 태양의 빛이 노몬 역할을 하는 핀 홀을 통과해 링 해시계의 안쪽에 만들어 놓은 시간선에 직선으로 빛이 비추어진 시간을 읽는다. 이 링 해시계를 만들기 위해서는 특정한 지역에서의 태양이 뜨고 지기까지의 태양의 고도를 측정해야 한다. 이렇게 얻어진 결과를 통해 링 해시계를 만들었기 때문에 다른 위도에서는 시간이 맞지를 않아 링 해시계를 사용하지 못하는 불편함이 있다.

그림 15-1 링해시계

그림 15-2 링 해시계 노몬

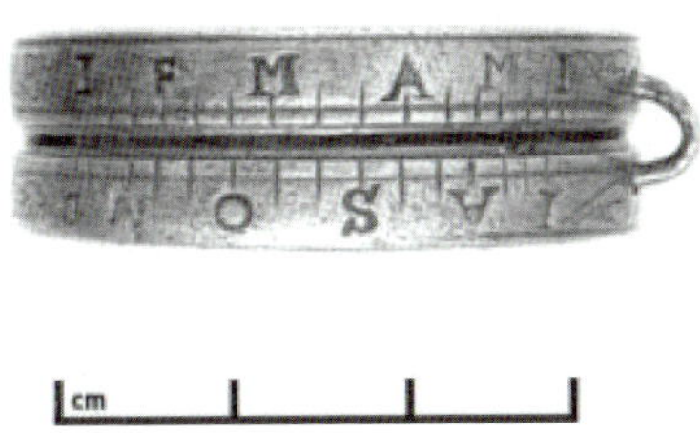


그림 15-3 링 해시계 실측

[그림 15-1]과 [그림 15-2]의 링 해시계는 역사적 사실을 찾을 수가 없다. [그림 15-3]의 링 해시계는 링컨셔 DMV에서 발견되었다. [그림 15-1], [그림 15-2], [그림 15-3][4] 이 둘 해시계에서 바깥쪽 면에 2개의 선에 일정한 간격으로 표시가 되어 있고, 위쪽 문구는 "너의 죽음을 염두하며 살아가네. 시간은 네가 비행하는 것으로부터 항상 존재하기에(Live ever mindfull of the dying. For time is always from the flying)"라고 새겨져 있고, 아래쪽 문구는 "나를 올바르게 장치해 주세요. 그러면 나를 잘 사용할 수 있습니다. 그러면 나는 너에게 시간을 말해 줄 것예요.(Set me right and use me well, and I to you the time will tell.)" 라고 새겨져 있다. 같은 문장이 세겨진 또 다른 링 해시계가 1861년과 1862년사이에 성유물함 (II)에서 발견되었다. 이 링 해시계를 소유자는 "콘웰의 플루니트 성당에서 한 노동자로부터 옛날에 흔히 사용되었던 해시계를 얻었다."라고 하였다.

현재 6개가 남아있는 링 해시계는 휴대가능하고 오래된 해시계로, 도해와 함께 분석되었다. 또한 6개 중 한 가지는 매우 자세하게 기술되어져 있다.(ID SF7847로 기록된 유물이다.)(http://www.findsdatabase.org.uk/hms/pas_obj.php?type=finds&id=36885)

역시 몇몇의 같은 링 해시계들은 국제 마리타임 박물관 사이트(http://collections.rmg.co.uk/?item_class=Sundials)에서 자세하게 설명과 함께 기술되어져 있다. 링 해시계들은 11세기 초반에 베네계들은 1860년대에 전자의 해시계들의 유적들 함께 연구되었는데, 이들 연구에서 딕트 수도사 허만누스 컨트렉투스에 의해서 발명되어졌다고 한다. 20세기 초와 20세기 내에는 링 해시계가 발견되지 않았고, 소지할 수 있는 해시계 9개는 마리 로스에 의해서 1545년부터 발명되졌으나, 링 해시계는 없었다. 링 해시계는 확실히 16세기 동안에 이용되어 졌으나 이들 링 해시계

4) 출처: http://www.ukdfd.co.uk/ceejays_site/pages/pocket_sundial.htm

는 유물로 남아 있지 않다. 린콜른샤르이Lincolnshire는 매우 인접한 곳에서 살았었던 샤를 2세, 윌리암과 머리 그리고 윌리암 3세의 17세기 후반의 도자기와 구리 동전에서 링 해시계와 연관된 것을 발견하였다. 이 구리 동전은 1670년부터 1700년 중반까지 사용되었다. 고든 베일리는 'Detector Finds 2'에서 "이들은 대부분은 태어난 곳은 서로 가까운 곳에서 태어났지만, 거의 모두 17세기에 죽었다."라고 적고 있다. 틀림없이 태풍에 의해서 1717년 4월에 Cape Codd에서 난파된 해적선 'Whydas'에서 나온 공인된 글에서 좋은 표본이 있다. 이 해시계는 매우 단순하기는 하나 세련되지 않은 2개의 가늘고 긴 홈을 가지고 있고, 노몬(이것은 없었다.)은 겨울에 해당되는 달과 여름에 해당되는 달이 새겨져 있다.

링 해시계는 17세기부터 18세기에 걸쳐 이용되었음을 알 수 있다. 벽시계, 들고 다니는 회중시계 등 기계적 시계들이 점점 일반화되어갈 때쯤에도 하층 계급에서는 대부분 링 해시계로 시간을 보았다. 해시계는 18세기 이후 점점 사리지고 기계식 시계들이 일반적으로 사용되어졌다.

# 노몬 핀 구멍이 고정되어 있는 링 해시계

그림 15-4 노몬 구멍이 고정된 링 해시계

링 해시계의 제작은 태양의 고도만을 이용해 만들 수 있다. 아래 [그림 15-4][5])과 같이 노몬의 역할을 하는 구멍이 고정되어 있고, 링 해시계에 대한 시간선과 계절선은 링 안쪽에 그려져 있다. 이러한 노몬 홀이 고정되어 있는 링 해시계Prussia sundial Ring은 1704년에 발명되었고, 로마의 통치를 받았던 독일 작센 지방Saxony, Germony의 프레딕드 어거스트 1세Frederick, Augustrus I, 1670-1733에 의해서 발명되었다. 그는 "힘이 강한 남자", "잔센의 헤라클레스" 그리고 "철의 손"이라는 별명을 가졌지만, 물리학과 천문학, 수학에 대한 애정이 깊었다.

5) 출처 : http://www.shepherdswatch.com/prussia-sundial-ring-pendants/

반지름이 $r(r>0)$인 원이 있다고 하자. 그러면 원의 방정식은 $x^2+y^2=r^2$이고, 날수 $N$와 진태양시 시간각 $\tau$에 대한 고도를 $a(N,\tau)$라고 하자. 노몬의 위치는 태양이 고도가 가장 높은 하지 12시일 때 태양 빛이 원점을 지나는 교점 중 태양쪽의 해를 노몬의 역할을 하는 구멍의 위치로 잡도록 하자. 노몬 구멍의 위치가 하지 12시이므로 $N=172$, $\tau=0$을 대입하여 고도 $a(172,0)$를 지나는 태양 빛의 직선과 원과의 교점을 노몬 구멍의 위치로 잡으려고 한다.

원의 방정식은 $x^2+y^2=r^2$ 이고, 태양의 고도가 하지 12시 일 때의 노몬의 역할을 하는 구멍의 위치를 구해보자. 하지 12시 일 때의 태양의 남중고도는, $N=172$, $\tau=0$이므로 이 때의 고도는 $a(172,0)$이다. 또한 그 때의 태양 빛이 원점을 통과하므로 반지름이 $r$이고 각이 $a(172,0)$이 직교 좌표계의 좌표값이어서,

$$\mathrm{G}(r\cos a(172,0), r\sin a(172,0))$$

이다. 우리는 노몬의 역할을 하는 구멍의 위치를 $(c,d)$이라고 하면,

$$c=r\cos a(172,0),\ \ d=r\sin a(172,0)$$

이다.

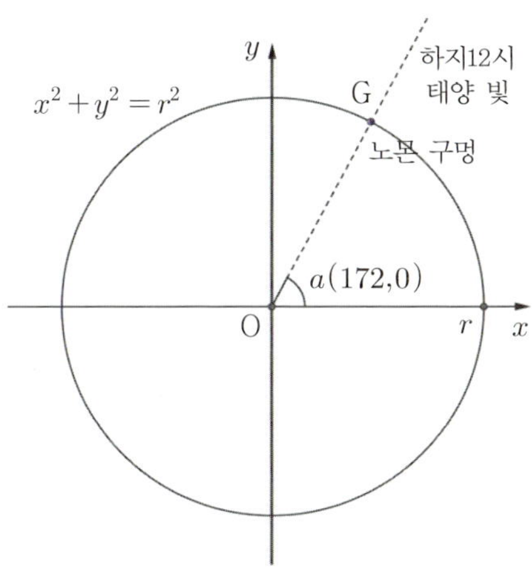


그림 15-5 노몬 구멍 위치 잡기

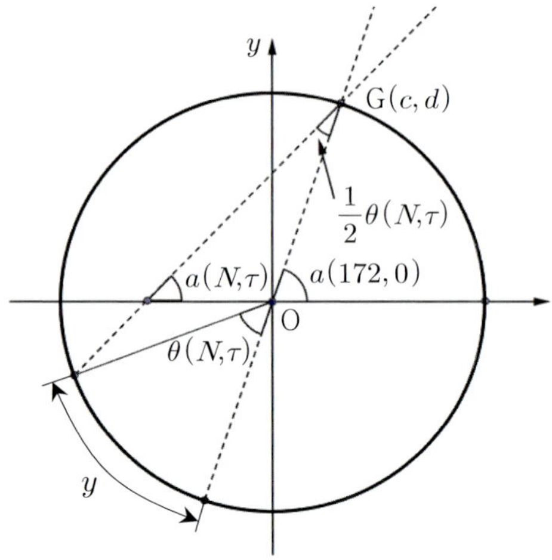


그림 15-6 노몬 구멍의 그림자 위치

시간선과 계절선을 그리기 위해서 날수 $N$에 대한 하지선과 만나는 점으로부터 호의 길이를 구하여 그를 $y$으로 하고, 링의 폭을 $D$라고 하면 양끝을 계절선으로 하여 $x$축으로 하여 그림을 그리려고 한다. $\theta(N,\tau)$를 날수 $N$과 시간 $\tau$일 때 그림자의 위치까지의 중심각이라고 하고, 날수 $N$과 태양 시간각 $\tau$에 대한 고도를 $a(N,\tau)$이라 하자. 그리고, 하지 정오(12시) 때 고도 $a(172,0)$로부터 그림자 위치까지의 원을 따라가는 호의 길이를 $y$으로 놓으면

$$\frac{1}{2}\theta(N,\tau)+a(N,\tau)=a(172,0) \tag{15.1}$$

이 성립한다. 따라서

$$\theta(N,\tau)=2(a(172,0)-a(N,\tau)) \tag{15.2}$$

이다. 또한 호의 길이는 $y$는

$$y(N,\tau)=r\theta(N,\tau)=2r(a(172,0)-a(N,\tau)) \tag{15.3}$$

이다.

또한 링의 폭에 적당히 안쪽에 1/3의 폭을 $D$라고 하자. 그리고 $N=172$ 일 때, $D=0$를 하지선으로, $N=264$가 $\frac{D}{2}$에서 춘추분선으로 $N=355$과 $D$에서 동지선으로 하여 계절선을 표시하면

$$x(N) = D \times \frac{N-172}{184} \tag{15.4}$$

이다.

식 (15.4)와 식(15.3)을 날수 $N$과 진태양의 시간각 $\tau$의 이변수 매개변수 방정식으로 계절선과 시간선의 좌표값을 나타낼 수 있다.

따라서 계절선을 표시하려면, 매개변수 방정식 $x(N)$과 $y(N,\tau)$으로 한 좌표를 $N=172$(하지), 264(추분(춘분)), 355(동지)와 $\tau=0°$에서 90°의 정의역으로 하여서 그래프로 그리면 된다. 같은 방법으로 시간선을 그리려면, $\tau=0°$, 15°, 30°, 45°, 60°, 75°, 90°에 대하여 $N=172$에서 355까지 정의역으로 하여 그래프를 그리면 된다.

반지름이 1인 링 해시계에서의 계절선의 폭 $D=1$로 하여서 계절선과 시간선의 그래프를 그려보면 다음과 같다.[그림 15-7] 이의 그래프를 노몬 구멍 위치의 원점 대칭한 하지 정오 때 노몬 그림자 위치한 점$(-r\cos a(172,0),$ $-r\sin a(172,0))$으로부터 링 안쪽 면에 왼쪽 위로 붙이면 된다. 폭이 좁으면 곡선을 실선으로 표시를 하여 나타내기도 한다. 이를 통해 [그림 15-4]와 같이 디자인된 링 해시계를 얻을 수 있다.

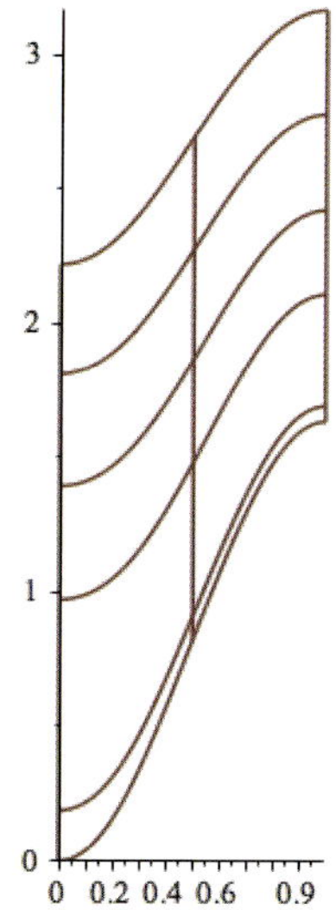


그림 15-7 시간선과 계절선

# 노몬 구멍이 움직이는 링 해시계

노몬 구멍이 고정되어 있는 링 해시계는 날짜를 링 안쪽의 계절선으로 읽어야 하는데 1cm 안에 계절선과 시간선을 모두 표시하기가 어렵다. 시간선의 그림자가 드리워지는 곳에서 있어야 한다. 이러한 불편함 점을 해결하기 위해서 노몬 구멍을 움직여서 계절선을 대신하고 시간선을 통해서 읽는 링 해시계를 만들어 보도록 하자.

노몬 구멍이 고정되어 있을 때의 하지선은 원점을 지나는 점을 12시로 하였는데 이를 $y$축에 대칭인 점을 12시로 고정하고 모든 날짜의 12시가 이 지점을 지나도록 해 시간선을 만들자. 하지 12시일 때 원점을 지나는 하지선이 원의 제 3사분면의 교점을 구하고 이를 $y$축에 대칭이 되도록 해 12시 지점을 구하여 보자. 반지름이 $r$인 원

$$x^2+y^2=r^2(r>0) \tag{15.5}$$

과 하지 12시 일 때, 고도는 $a(172,0)$이므로 하지선이 원점을 지나는 선과 원과의 교점 중 제3사분면의 교점을 $y$축으로 대칭하여 얻은 점G는 제4사분면에 있는

$$\mathrm{G}(r\cos a(172,0), -r\sin a(172,0)) \tag{15.6}$$

이다.

정오 12시가 되는 그림자의 위치는 점G가 되어야 하는데, 시간선을

왼쪽 위로 일 안쪽 면을 따라 나타나게 할 때, 너무 위로 올라가지 않게 하기 위해서다.

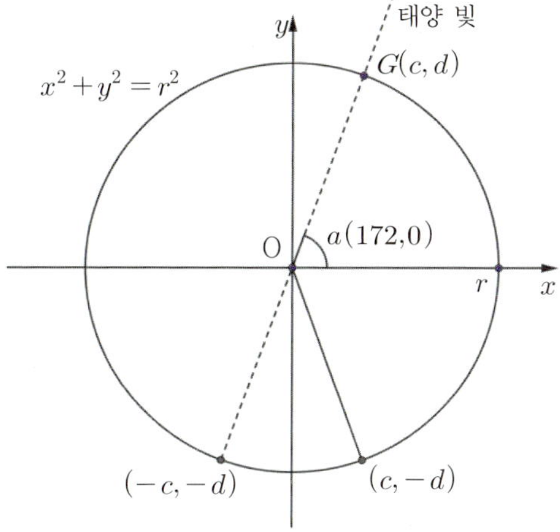


그림 15-8 정오 위치 정하기

이제 날짜 수 $N$과 태양의 시간각 $\tau=0$(12시)일 때의 태양의 남중 고도는 $a(N,0)$이므로 기울기는 $\tan a(N,0)$이고 $(c,-d)$를 지나는 직선은

$$y=\tan a(N,0)(x-c)+d \tag{15.7}$$

이다.

이 직선이 원과의 교점 중 $x=c$가 아닌 점이 계절점에서 시간선을 구해야 한다. 남중고도 일 때, 그 계절점은 원 식 (15.5) 와 직선 식 (15.7)의 교점이다. 따라서 식 (15.7)을 식 (15.5)에 대입하여 정리를 하면,

$$\begin{aligned}(1+\tan^2 a(N,0))x^2+2\tan a(N,0)(d-c\tan a(N,0))x \\ +(d-c\tan a(N,0))^2-r^2=0 \qquad (15.8)\end{aligned}$$

이다.

하나의 근이 $c$ 이고, 다른 하나의 근을 $x_{(N,0)}$라고 하면 근과 계수의

관계에서

$$c+x_{(N,0)}=-\frac{2\tan a(N,0)(d-c\tan a(N,0))}{1+\tan^2 a(N,0)} \tag{15.9}$$

이다. 이를 $x_{(N,0)}$에 대하여 정리를 하면,

$$\begin{aligned} x_{(N,0)} &= -\frac{2\tan a(N,0)(d-c\tan a(N,0))}{1+\tan^2 a(N,0)}-c \\ &= -\frac{2d\tan a(N,0)-c\tan^2 a(N,0)+c}{\sec^2 a(N,0)} \end{aligned} \tag{15.10}$$

$$\begin{aligned} y_{(N,0)} &= \tan a(N,0)\left(-\frac{2d\tan a(N,0)-c\tan^2 a(N,0)+c}{\sec^2 a(N,0)}-c\right)+d \\ &= d-(c+d\tan a(N,0))\sin(2a(N,0)) \end{aligned} \tag{15.11}$$

날짜 수 $N$에 시간 $\tau$에 대한 고도는 $a(N,H)$이고, 날짜 수 $N$에 12시에 하지 12시의 기준 점을 지나는 지점을 그 날의 노몬 자리라고 하고, 이때, 시간 $\tau$에 태양 빛은 노몬 구멍을 지나 링의 반대편에 그림자가 맺히게 된다. 이때 12시 기준점으로부터 노몬 구멍에 의해서 그림자가 맺힌 곳까지의 호의 길이를 구하려고 한다.

[표 15-1]은 링의 반지름을 10으로 해 식 (15.10)과 식 (15.11)으로부터 계절의 노몬 구멍의 좌표값을 찾아 계산을 한 것이고 [그림 15-9]는 이를 좌표에 찍어 나타낸 것이다.

표 15-1 계절에 따른 노몬 구멍의 위치

| | $N$ | $x$ | $y$ |
|---|---|---|---|
| 1월1일 | 1 | 7.64 | −6.45 |
| 2월1일 | 32 | 8.73 | −4.89 |
| 3월1일 | 60 | 9.82 | −1.89 |

| 4월1일 | 91 | 9.75 | 2.35 |
|---|---|---|---|
| 5월1일 | 121 | 8.16 | 5.77 |
| 하지(6월21일) | 172 | 6.11 | 7.92 |
| 6월1일 | 152 | 6.49 | 7.61 |
| 6월30일 | 181 | 6.18 | 7.86 |
| 7월1일 | 182 | 6.19 | 7.85 |
| 8월1일 | 213 | 7.5 | 6.61 |
| 9월1일 | 244 | 9.33 | 3.61 |
| 10월1일 | 274 | 9.99 | −0.46 |
| 11월1일 | 305 | 9.07 | −4.2 |
| 12월1일 | 335 | 7.85 | −6.2 |
| 12월31일 | 365 | 7.62 | −6.48 |
| 동지(12월21일) | 355 | 7.54 | −6.56 |

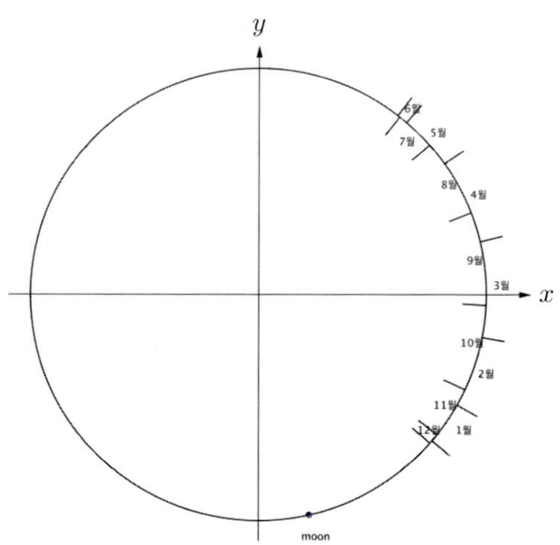


그림 15-9 계절에 따른 노몬 구멍 위치

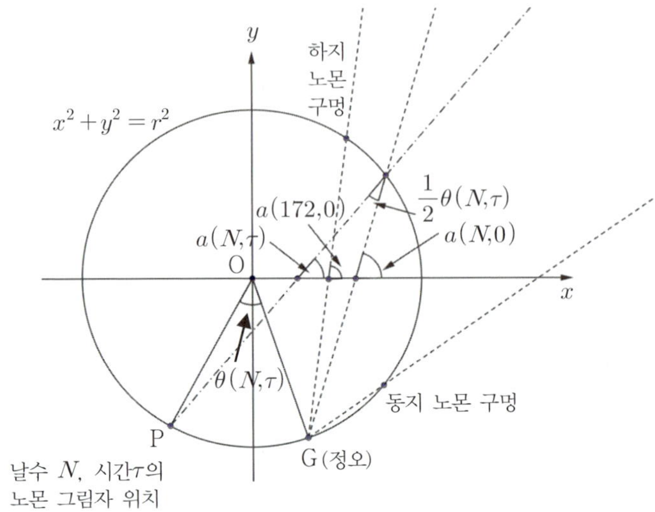


그림 15–10 계절에 따른 시간선 구하기

이제 우리는 시간선을 링 안쪽에 그리려고 한다. 노몬을 통과하는 그림자가 점 P 로부터 날 수 $N$과 태양 시간각 $\tau$에 대하여 점과 되는 점 G 까지 호의 중심각을 $\theta(N, \tau)$라고 하면,

$$\frac{1}{2}\theta(N,\tau)+a(N,\tau)=a(N,0) \tag{15.12}$$

이고, 이를 정리하면,

$$\theta(N,\tau)=2(a(N,0)-a(N,\tau)) \tag{15.13}$$

이다. 그러므로 호의 길이는 $l(N,\tau)$는

$$l(N,\tau)=r\times\theta(N,\tau)$$

$$l(N,\tau)=2r(a(N,0)-a(N,\tau)) \tag{15.14}$$

이다. 이 길이를 $y$축의 값으로

$$y(N,\tau)=l(N,\tau)=2r(a(N,0)-a(N,\tau)) \tag{15.15}$$

으로 계산하면 된다.

또한 링의 폭에 적당히 안쪽에 1/3의 폭을 $D$이라고 하자. 그리고 $N=172$일 때, 0이 하지선으로, $N=264$가 $\frac{D}{2}$에서 춘추분선으로 $N=355$과 $D$에서 동지선으로 하여 계절선을 표시하면

$$x(N) = D \times \frac{(N-172)}{184} \tag{15.16}$$

이다.

식 (15.15)과 식 (15.16)은 날 수 $N$과 태양 시간각 $\tau$에 대하여 매개변수 방정식으로 나타낼 수 있다.

따라서 계절선을 표시하려면, 매개변수 방정식 $x(N)$과 $y(N,\tau)$으로 한 좌표를 $N=172$(하지), 264(추분(춘분)), 355(동지)와 $\tau=0°$에서 90°의 정의역으로 하여서 그래프로 그리면 된다. 같은 방법으로 시간선을 그리려면, $\tau=0°$, 15°, 30°, 45°, 60°, 75°, 90°에 대하여 $N=172$에서 355까지 정의역으로 하여 그래프를 그리면 된다.

반지름이 2.18인 링에서의 계절선의 폭 $D=2$로 하고, 식 (15.15)와 식 (15.16)을 계산을 해 계절선과 시간선의 그래프를 그린 것이다. 우리는 실물을 3D 프린터를 이용하여 위도 36.34°(대전둔원고등학교)에서의 링 해시계를 만들어 보았다.

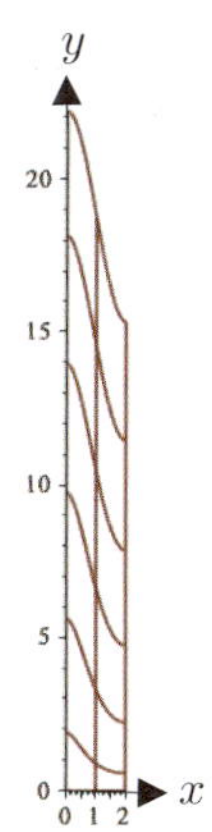


그림 15-11 링 해시계의 시간선들

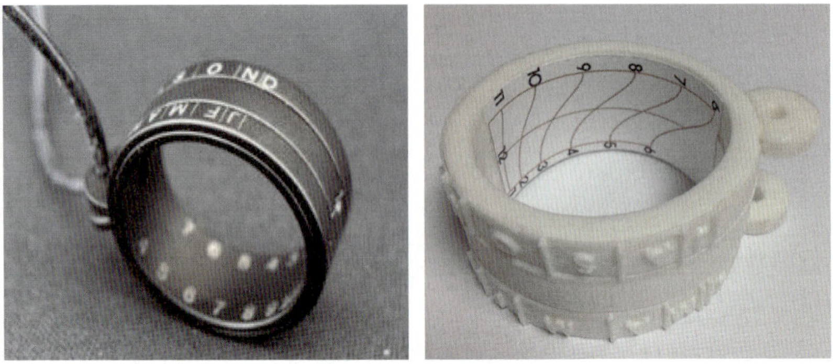

도쿄 위도에 맞추어진 링 해시계 실물　3D 프린터로 제작한 위도 36.34°의 링 해시계

그림 15-12 3D 프린터로 출력한 링 해시계

그림 15-13 링 해시계를 통해 시간을 측정하는 모습

# 참고문헌

김상혁, 이기원, 이용삼(2009), 姜潤과 姜漣의 해시계 연구, 五洲衍文長箋散稿, 13권

안영숙 외 6인(2013), 전통해시계 제작과 교육활용, 국립중앙과학관 정기간행물

인천과학사랑교사모임(2002), “해시계”, 한국교육과정평가원

Albert E Waugh(1973), “Sundials - Their Theory and Construction”, Dover Publications.

D. Snyder(2012), Sundial Design Considerations, North American Sundial Society

Donald L. Snyder(2006), Solar Shadows and Analemmatic Sundials, Washington University, Campus Box 1127, St. Louis, MO 63130.

Frederick W. Sawyer III(1995), Of Analemmas, Mean Time and the Analemmatic Sundial, Bulletin of the British Sundial Society, 95(1):39–44.

Jill, V. (2008). “The mathematics of sundials.” Australian Senior Mathematics Journal 22.

Jean Meeus(1991), “Astronomical Algorithms”, Willmann Bell, Inc.

Lawrence E. Jones(2005), “The sundial and geometry”, North American Sundial Society.

Larisa Vodolazhskaya(2013), Analemmatic and Horizontal Sundials of the Bronze Age, Archaeoastronomy and Ancient Technologies 1(1):68–88.

Rene' RJ Rohr(1996), “Sundials - History Theory and Practice”, Dover Publications.

Tony Belk(2007), DECLINATION LINES DETAILED, BSS Bulletin Volume 19(iii).

Thomas Haessig(2003), “Sundials : Design, Construction, and Use”, Praxis.

Mark Lennox-Boyd(2006), “Sundials: History, Art, People, Science”, Frances Lincoln.

# 찾아보기

저자약력

**황운구**
수학교육학 박사
대전둔원고등학교 수학 교사

**홍성일**
이학 박사
대전대신고등학교 수학 교사

**김지영**
대전괴정고등학교 지구과학 교사

**해시계** 해시계의 수학적 원리 분석

2015년 9월 15일 초판 발행
2023년 8월 10일 초판 2쇄 발행

저 자 • 황운구 · 홍성일 · 김지영
발행자 • 오판근
발행처 • 교우사

주 소 • 서울특별시 동대문구 약령시로 8 교우빌딩 2층
전 화 • 925-2861(代), 편집부 / 925-2825, 홈쇼핑 / 969-5762
팩 스 • 925-2860

이메일 / kyowoo@kyowoo.co.kr
홈페이지 / http://www.kyowoo.co.kr
북스토어(쇼핑몰) / http://www.kyowoo.co.kr

등록번호 / 1994년 3월 24일 제6-0256호

ISBN 979-11-251-0126-0(93440)

값 20,000 원